Kohlhammer

Rafael Trautmann

Kritische Kommunikation in der Leitstelle

Theorie und Praxis im Notrufdialog

Verlag W. Kohlhammer

Für Svea.
Etwas schaffen, das bleibt …

Dieses Werk einschließlich aller seiner Teile ist urheberrechtlich geschützt. Jede Verwendung außerhalb der engen Grenzen des Urheberrechts ist ohne Zustimmung des Verlags unzulässig und strafbar. Das gilt insbesondere für Vervielfältigungen, Übersetzungen, Mikroverfilmungen und für die Einspeicherung und Verarbeitung in elektronischen Systemen.
Die Wiedergabe von Warenbezeichnungen, Handelsnamen und sonstigen Kennzeichen in diesem Buch berechtigt nicht zu der Annahme, dass diese von jedermann frei benutzt werden dürfen. Vielmehr kann es sich auch dann um eingetragene Warenzeichen oder sonstige geschützte Kennzeichen handeln, wenn sie nicht eigens als solche gekennzeichnet sind.
Die Abbildungen stammen – soweit nicht anders angegeben – vom Autor.

1. Auflage 2024

Alle Rechte vorbehalten
© W. Kohlhammer GmbH, Stuttgart
Gesamtherstellung: W. Kohlhammer GmbH, Stuttgart

Print:
ISBN 978-3-17-043940-5

E-Book-Formate:
pdf: ISBN 978-3-17-043942-9
epub: ISBN 978-3-17-043943-6

Für den Inhalt abgedruckter oder verlinkter Websites ist ausschließlich der jeweilige Betreiber verantwortlich. Die W. Kohlhammer GmbH hat keinen Einfluss auf die verknüpften Seiten und übernimmt hierfür keinerlei Haftung.

Inhalt

Prolog		**7**
Einleitung		**8**
1	**Grundlagen**	**14**
1.1	Die menschliche Sprache	15
1.2	Kommunikationsformen	17
1.2.1	Kommunikationsmodelle	19
1.2.2	Das Eisberg-Modell nach Freud	20
1.2.3	Das Kommunikationsquadrat nach Schulz von Thun	22
1.2.4	Die Transaktionsanalyse nach Berne	23
1.3	Fragearten und -typen	25
1.4	Gesprächstechniken	28
1.4.1	Aktives Zuhören/aktive Gesprächsführung	28
1.4.2	Rhetorische Pausen	32
1.4.3	Die Statuswippe	33
1.4.4	Killerphrasen	34
1.4.5	Apologetische Gesprächstechnik/»Magic sentences – Magische Sätze«	36
1.4.6	»Schallplatten-Technik«	37
1.4.7	»STOPP-Technik«	37
2	**Psychologische Phänomene und bio-psycho-soziale Grundlagen**	**38**
2.1	Sinneswahrnehmungen	39
2.2	Psychologische Phänomene	43
2.2.1	Übersetzungsfehler	43
2.2.2	Selektive Wahrnehmung	44
2.2.3	Fixierungsfehler	44
2.2.4	Overconfidence Bias	45
2.2.5	Negativitäts Bias	46
2.2.6	Aufmerksamkeitsblindheit	47
2.2.7	Primacy-Recency-Effekt	47
2.2.8	Stereotypes Denken	48
2.2.9	Halo-Effekt	49
2.2.10	Die »Millersche Zahl«	49
2.3	Die Gesetzmäßigkeiten menschlichen Denkens und Handelns in Stress-Situationen	50

Inhalt

2.3.1	Die Bedürfnispyramide nach Maslow	51
2.3.2	Angstreaktionen und archaische Notfallmuster	53
2.4	Die Funktionsweise des menschlichen Gehirns	54
2.4.1	Das Wohnhaus »Cerebrum«	54
2.4.2	Ebenen des zentralen Nervensystems	56
3	**Leitstellenarbeit**	**63**
3.1	Die Leitstelle als High Reliability Organization (HRO)	63
3.2	Aufbau- und Ablauforganisation einer Leitstelle	66
3.3	Die verschiedenen Problemfelder der Leitstellenarbeit	74
3.3.1	Einstellungen und Erwartungen der Anrufer	74
3.3.2	Kommunikation im Notrufkontext	75
3.3.3	Entscheidungsfindung	76
3.3.4	Arbeitsplatz	77
3.4	Die 7-Phasen-Struktur eines Notrufs	78
3.5	Kommunikative Verhaltensregeln für die Notrufabfrage	85
3.5.1	Die »Don'ts«/Zu vermeiden	86
3.5.2	Die »Dos«/Zu beachten	87
3.6	Telemedizinische Sofortmaßnahmen und Telefonreanimation	88
3.6.1	Telefon-Reanimation (T-CPR)	90
3.6.2	Das ethische Dilemma	92
4	**Deeskalation und Intervention in Notrufdialog**	**94**
4.1	Emotional Content and Cooperation Score	95
4.2	Das »6-Stufen-Modell der deeskalativen und interventionellen Kommunikation im Notrufdialog« nach Trautmann	96
5	**Gesprächsführung mit Suizidenten**	**101**
5.1	Mythen, Zahlen und Risikofaktoren	102
5.2	Einfluss der Medien	104
5.3	Kommunikation mit einem akut suizidgefährdeten Menschen	106
5.3.1	Leitpunkte zum Gespräch mit einem Suizidenten	107
6	**Qualität und Notruf-Supervision**	**110**
6.1	Was kann man messen?	110
6.2	Notruf-Supervision	111
6.3	Was ist Qualität in der Leitstellenarbeit?	113
	Schlusswort	**118**
	Literaturverzeichnis	**120**
	Anhang	**122**

Prolog

Dieses Buch richtet sich in erster Linie an Mitarbeitende in Rettungsdienst- und Feuerwehrleitstellen. Aber auch für Mitarbeitende von beispielsweise Polizei-Leitstellen, Service-Leitstellen oder Hausnotruf-Zentralen sind die Inhalte dieses Buches nicht minderinteressant. An der Leitstellenarbeit interessierte Menschen bekommen einen umfassenden Überblick über die hohen und besonderen kommunikativen Anforderungen der Leitstellenarbeit.

Kommunikation begleitet uns jeden Tag. Jeder, der dieses Buch liest, ist bereits heute ein Kommunikations-Profi. Die Kommunikation im Notruf-Dialog unterscheidet sich in vielen Punkten von der Alltags-Kommunikation. Regeln, die in der Alltags-Kommunikation gelten, wie beispielsweise die Regel »Den Gesprächspartner immer ausreden lassen.« und die möglichst gleiche und gerechte Verteilung von Gesprächsanteilen, können in der Kommunikation im Notruf-Dialog nicht angewendet werden. Institutionelle Kommunikation, Zeitdruck und unter Umständen emotional hoch belastete Anrufer sind drei Schlagworte, die das Ausmaß des kommunikativen Paradigmenwechsels in einem Notrufdialog deutlich werden lassen. Wer ein wissenschaftliches Fachbuch erwartet, der wird vermutlich überrascht. Dieses Buch ist sehr praxisnah, mit vielen Beispielen aus dem Alltag und in einer für jedermann verständlichen Sprache geschrieben. Der Aufbau ist induktiv – von den allgemeinen Grundlagen bis hin zu speziellen, auf den Fokus »Leitstellenarbeit« gerichteten Inhalten und bio-psycho-sozialen Grundlagen. Wie »funktionieren« Menschen – gerade unter Stress? Es ist mir ein Anliegen, dass Mitarbeiter von Leitstellen ein tiefes Verständnis für Notrufende entwickeln. Die in diesem Buch vermittelten Inhalte können dazu beitragen, optimal am Telefon helfen zu können. Sie geben den Lesern weitere »kommunikative Werkzeuge« für deren »kommunikative Werkzeugkästen« und Fachwissen an die Hand. Zudem soll das Buch dazu beitragen, die Mitarbeitenden von Leitstellen in die Lage zu versetzten, ein Notrufgespräch souverän, zielgerichtet und anruferorientiert führen zu können.

Ich möchte mich an dieser Stelle von Herzen insbesondere bei Valerie und Fabian bedanken, die sich immer wieder die Zeit für Korrekturlesungen genommen haben und mir ehrliches Feedback erteilt und Verbesserungsvorschläge mitgeteilt haben. Ohne Euch wäre dieses Buch nicht so geworden, wie das Werk, was Ihr nun in Euren Händen haltet (oder auf dem Bildschirm lest)!

Einleitung

Die Leitstelle ist ein ganz besonderer Arbeitsplatz, der sich in den letzten Jahren durch den Einzug neuer Technologien massiv gewandelt hat. Aus den einfachen »Telefonisten und Funkern« hat sich hochspezialisiertes Fachpersonal entwickelt. Während früher zum Teil nicht mehr diensttaugliches Personal in den Leitstellen »geparkt« wurde, auch oftmals unabhängig davon, ob persönlich für die Leitstellenarbeit geeignet oder nicht, werden heute zum Teil für die Personalauswahl an die erforderlichen Skills angepasste Assessments durchgeführt. Diesen Schritt begrüße ich sehr. Nicht zuletzt aus Gründen des Gesundheitsschutzes.

Leitstellenarbeit ist für die meisten operativ tätigen Personen eine »Black Box« und wird häufig belächelt. Eine Studie der Deutschen Gesellschaft für Rettungswissenschaften zeigt, dass operativ tätiges Personal eine sehr hohe Anspruchshaltung an ihre Leitstellen hat. Diese hohen Ansprüche können kaum umfassend befriedigt werden, was für eine hohe Unzufriedenheit und damit verbunden negative Mindsets bzw. Einstellungen sorgt. (Trautmann und Ballé 2022)

Bild 1: *Leitstelle*

Es gibt keinen Arbeitsplatz, der gläserner ist als eine Leitstelle. Die Aufzeichnung eines Notrufs beginnt mit der ersten Anrufsignalisierung, bereits, bevor das Gespräch von einem Mitarbeiter angenommen worden ist. Der (digitale) Funkverkehr wird ebenso aufgezeichnet. Jede einzelne Aktion eines Leitstellenmitarbeiters wird mit einem sekundengenauen Zeitstempel versehen im Einsatzleitsystem dokumentiert. Das im Einsatzleitsystem angelegte Einsatzprotokoll ist gerichtsverwertbar. Jeder einzelne Rechtschreibfehler, der bei der Eingabe eines Textes entsteht, ist für die Ewigkeit (mindestens aber zehn Jahre) gesichert.

Der Weg zu einem grund-/eigenständigen Berufsbild ist zwar noch lang, aber die Bemühungen der Fachgesellschaften und Fachverbände um ein eigenes Berufsbild »Leitstellendisponent« werden früher oder später Früchte tragen. So befindet sich, wenngleich auch nur eine Insellösung, bei der Berufsfeuerwehr München eine »Berufsfachschule für Leitstellenwesen« in der Gründung. Hier soll zukünftig das Leitstellenpersonal direkt »von der Schulbank aus« ausgebildet werden. Die Ausbildungen des Personals in Bezug auf Ausbildungsdauer und Ausbildungsinhalte sowie die Einstiegsqualifikationen sind inhomogen, die gegenseitigen Anerkennbarkeiten der Ausbildungen sind häufig nicht gegeben. Eine freie Wahl des Arbeitsplatzes ist häufig nur im eigenen Bundesland möglich.

Eine fundierte (notfall-)medizinische Ausbildung und Erfahrung im Bereich der Notfallrettung sollte als Standard bei der Personalauswahl angesehen werden, da der größte Anteil der Notrufe (> 90 %) einen medizinischen Hintergrund hat. Hierbei möchte ich mich allerdings nicht auf eine nominelle rettungsdienstliche Qualifizierung, wie zum Beispiel die Ausbildung als Notfallsanitäter, reduzieren. Das persönliche Engagement, eine intrinsische Motivation und die Soft Skills – gerade die kommunikativen Skills, die Transformationskompetenz und die Kombinationskompetenz – der notrufbearbeitenden Mitarbeiter sind essenziell und haben einen hohen Einfluss auf eine erfolgreiche und qualitativ hochwertige Notrufbearbeitung. Wie in allen Bereichen gibt es auf der einen Seite sehr gute und motivierte Rettungssanitäter und auf der anderen Seite sehr unmotivierte und schlechte Notfallsanitäter.

Die Begriffe »standardisiert« und »strukturiert« in Bezug auf die Notrufabfragen werden zum Teil synonym verwendet, obwohl sich diese beiden Systeme in vielen Punkten voneinander unterscheiden. Die größten Unterschiede sind, dass bei einer standardisierten Notrufabfrage der genaue Wortlaut der Fragen vorgegeben ist und immer ein Einsatzstichwort vorgeschlagen wird. Obwohl seit vielen Jahren durch die ERC-Guidelines empfohlen wird, Notrufe anhand strenger Protokolle abzufragen, fragen noch nicht alle Leitstellen standardisiert bzw. strukturiert ab, sondern es bleibt den Mitarbeitern überlassen, was für Fragen gestellt werden. In der Studie »PSAP-G-ONE« haben Trautmann, Reuter-Oppermann und Christiansen (2022) publiziert,

Einleitung

dass fast jeder dritte Leitstellenmitarbeiter die Notrufabfrage noch ohne den Einsatz einer s/sNA durchführt (siehe dazu ein Interview im Magazin Feuerwehr, Ausgabe 4/2023). Dies stellt ein nicht unerhebliches Risiko für die Mitarbeiter und die Organisationen dar. Das Risikomanagement spielt auch in Leitstellen eine immer größere Rolle. In einigen Bundesländern ist laut den dort geltenden Gesetzen bzw. Verordnungen die Einführung und Nutzung von standardisierten oder strukturierten Notrufabfragen verpflichtend.

Die Vorbehalte gegenüber dem Einsatz derartiger Systeme sind groß. »Ich lasse mir doch nicht vorschreiben, was ich fragen soll …«, »Ich kann das ohne sowieso viel besser, meine Notrufabfragen sind super…«, und »… das dauert doch viel länger …« sind sich wiederholende Glaubenssätze.

In der Psychologie gibt es den Begriff der »Verlustaversion«. Verlustaversion ruft Trägheit (in Bezug auf Veränderungen) hervor, es besteht bei Menschen ein starker Wunsch, den gegenwärtigen Besitzstand zu wahren. Die meisten Menschen mögen keine Veränderungen – schon gar nicht, wenn es um sie selbst geht. Der Mensch ist ein »Gewohnheitstier«. Veränderungen können sogar Ängste auslösen. Der Besitzstand ist in diesem Kontext die freie Abfrage.

Als ich 2014 zum ersten Mal eine standardisierte Notrufabfrage durchführen/benutzen musste, war ich schon viele Jahre als Disponent mit freier Abfrage tätig. Natürlich gingen mir die gleichen Punkte durch den Kopf. Ich habe es anfänglich gehasst und hätte am liebsten den PC mitsamt Tastatur und Maus wild gestikulierend und schimpfend aus dem Fenster geworfen. Alles dauerte länger. Ich konnte meinem eigenen (zugegebenermaßen hohen) Anspruch nicht mehr gerecht werden. Heute möchte ich nicht mehr ohne arbeiten, denn die Vorteile liegen auf der Hand. Viele der Fragen stelle ich heute schon, bevor ich das System überhaupt geöffnet habe, weil ich die Fragen verinnerlicht habe. Standard und Struktur bieten ungemein viel Sicherheit.

Ein wichtiger Aspekt bei der Einführung einer standardisierten oder strukturierten Notrufabfrage sind die »Spielregeln«, welche durch den Betreiber der Leitstelle vorgegeben werden müssen. In der Medizin gibt es nicht nur schwarz und weiß. Die Software kann aber lediglich »1« und »0«, ein »grau« können die Systeme nicht abbilden. Hat ein Mitarbeiter aufgrund des durchgeführten Notrufdialoges Informationen erhalten, welche in dem System nicht umgesetzt werden können, oder sich schlicht und ergreifend »verklickt«, muss es meiner Ansicht nach den Mitarbeitern bei einer Inkongruenz zwischen Notruf-Inhalt und vorgeschlagenem Einsatzstichwort – bei ordnungsgemäßer Nutzung – möglich sein, sowohl nach oben (Stichwort-

Einleitung

Aufwertung) als auch im Einzelfall nach unten (Stichwort-Abwertung) von dem Vorschlag des Systems abzuweichen. Die Mitarbeiter müssen das letzte Wort haben, man darf ihnen nicht suggerieren, sie würden »entmündigt«! Bei einigen Leitstellen ist es den Notrufbearbeitenden untersagt, Zusatzfragen, welche die Software nicht vorsieht, zu stellen. Oder eine Frage umzuformulieren. Es gibt Notfallbilder und Situationen, bei denen es durchaus sinnvoll und/oder zwingend erforderlich ist, Zusatzfragen zu stellen. Oder die Frage umzuformulieren. Hier sind beispielsweile kognitive Einschränkungen des Notrufenden, Unklarheit in der Antwort oder Notrufende mit einer hohen Sprachbarriere zu nennen. Grundsätzlich sollten die Fragen so gestellt werden, wie dies durch die Software vorgegeben wird (hier hat sich ja schließlich im Vorfeld jemand Gedanken gemacht), aber keine Regel ohne Ausnahme. Ich traue es Berufserfahrenen durchaus zu, anhand der Reaktion eines Notrufenden auf eine Frage Rückschlüsse ziehen, ob die Frage inhaltlich verstanden worden ist oder nicht verstanden worden ist, und/oder ob derjenige nur mit »ja« antwortet, weil er sich anhand der Antwort eine schnellere Hilfe erhofft. Lässt man Auf-/Abwertungen und Ergänzungsfragen sowie Umformulierungen (im Einzelfall) nicht zu, besteht die Gefahr, dass die Mitarbeitenden das Mitdenken einstellen. Wer bitte möchte nicht-mitdenkende Mitarbeiter haben, die nicht mehr auf ihren mitunter riesengroßen Erfahrungsschatz zurückgreifen dürfen? Ich jedenfalls nicht. Die Konsequenz ist doch, dass die Mitarbeitenden sich nur noch »stumpf durchklicken«, »stumpf fragen«, »stumpf alarmieren« und ihr Gehirn nicht mehr einschalten, weil das der Weg des geringsten Widerstandes ist.

Nicht vernachlässigt werden darf der wichtige Aspekt der Erste-Hilfe- und Sicherheitsinstruktionen (EHSI). Einige Systeme schlagen dem Nutzer bei einem Meldebild dementsprechende Hinweise vor. Es wird von den Mitarbeitenden verlangt, dass sie bei allen erdenklichen Meldebildern die RICHTIGEN Erste-Hilfe- und Sicherheitsinstruktionen erteilen. Der Fokus liegt auf »RICHTIGEN«. In der Studie »T-CPR-2023« der Deutschen Gesellschaft für Rettungswissenschaften (DGRe) (Ergebnisse zum Zeitpunkt der Publikation dieses Werkes noch nicht veröffentlicht) haben 52 % (n = 319) der Befragten angegeben, dass sie die Erste-Hilfe-Instruktionen komplett frei, nach bestem Wissen und Gewissen (Bauchgefühl) und ihrer Erfahrung anleiten. Lediglich 16 % (n = 95) gaben an, dass ihnen mögliche Instruktionen von einer Software vorgeschlagen werden und 32 % (n = 195) gaben an, dass sie sowohl frei als auch durch eine Software unterstützt anleiten. Hand aufs Herz. Weißt Du, was Du bei einem gemeldeten Nabelschnurvorfall instruieren musst, um das Überleben des ungeborenen Kindes sicherzustellen? Wenn »ja«: herzlichen Glückwunsch, wenn »nein«: Prost Mahlzeit. Ist Dir bekannt, dass sich die Leitlinien bei Verbrennungen geändert haben, und nur noch handteller-große Verbrennungen (bis

Einleitung

max. 5 % Körperoberfläche) eine kurze Zeit gekühlt werden. Und nicht, wenn sich diese am Körperstamm befinden? Dass es gefährlich und untersagt ist, Kinder mit Verbrennungen oder Verbrühungen unter die Dusche zu stellen, selbst wenn das Wasser lauwarm ist? Ja? Bekannt? Super, dann bist Du auf dem aktuellen Stand. Die Zeit bleibt nicht stehen. Die Leitlinien ändern sich. Manchmal (für uns) unbemerkt, aber niemals heimlich. Nutze die EHSI Deiner standardisierten Notrufabfragesoftware, wenn Du eine benutzt. Nutzt Du ein qualitätsgesichertes Produkt, kannst Du Dich zu 100 Prozent darauf verlassen, dass die EHSI den aktuellen Leitlinien entsprechen. Man kann nicht alles im Kopf haben. Einer der Leitsätze im Crew-Ressource-Management ist »Nutze Merkhilfen und schlage nach!«. Dieser Leitsatz ist nicht zum Spaß aufgeführt. Eine Übersicht der CRM-Leitsätze kannst Du Dir hier anschauen: https://simimpuls.de/Resources/simimpuls_plakat_2017.pdf.

In der Studie »SYNCRISIS« der DGRe (Ergebnisse zum Zeitpunkt der Publikation dieses Werkes noch nicht veröffentlicht) wird dargelegt, dass die standardisierte Notrufabfrage im Vergleich mit der freien Abfrage (bei geübten Anwendern) im Median zehn Sekunden länger dauert. Was sind zehn Sekunden? Zehn Sekunden sind in dem Zeitraum von der Annahme des Notrufs bis zum Ausrücken des Einsatzmittels zu vernachlässigen. Zehn Sekunden entspricht ungefähr einmal schnell Schuhe zubinden.

Bei der Einführung eines neuen Systems muss in Kauf genommen werden, dass sich die Erstbearbeitungszeiten verlängern. Dieser negative Effekt egalisiert sich aber recht schnell, wenn sich die Mitarbeiter an die Software gewöhnt haben und Routine entwickelt haben. Ich empfehle, eine großzügig lange Übergangszeit anzuberaumen, in welcher es den Mitarbeitern freigestellt ist, die Software zu nutzen und sie die Gelegenheit haben, um mit dem System zu üben und so eine Routine zu entwickeln. Diese Übergangsphase sollte durch Ausbilder eng begleitet werden.

Welcher Pilot würde ohne Checklisten ein Flugzeug besteigen und einen Flug wagen? Nicht ein einziger Pilot würde das tun! Eine Software für standardisierte/strukturierte Notrufabfrage ist nichts anderes als eine Checkliste! Es werden bei standardisierter Notrufabfrage die richtigen Fragen in der richtigen Reihenfolge vorgegeben und ein richtiges Ergebnis vorgeschlagen, welches die rettungsdienstliche Alarm- und Ausrückeordnung bzw. den Notarztindikationskatalog abbildet.

Aktuell beobachte ich eine »Glorifizierung« dieser Technik. In den Augen einiger Entscheidungsträger ist die standardisierte Notrufabfrage ein »heiliger Gral«, »Rettungsanker« oder ein »Allheilmittel«. Meiner Ansicht nach sollten alle deutschen Leitstellen standardisiert abfragen, wenngleich die standardisierte Abfrage weder ein »heiliger Gral« noch ein »Rettungsanker« noch ein »Allheilmittel« ist. Man darf nicht

Einleitung

vergessen, dass es Menschen sind, die mit Menschen kommunizieren (interpersonelle Kommunikation). Grundlage dieser speziellen Kommunikation ist eine Maschine. Die Maschine macht genau das, was man ihr sagt. Erfolgt eine nicht adäquate Notrufabfrage von nicht mitdenkenden Personen, die nicht in der Lage sind, die Antworten der Notrufenden korrekt zu interpretieren oder Ergänzungsfragen zu stellen, bringt auch das beste System nichts. Wer kennt es nicht, das Narrativ des »dressierten Affen«?

Einige Mitarbeiter in Leitstellen glauben, an ein solches System könnte man eben einen solchen »dressierten Affen« setzen. Weit gefehlt! Mitdenken ist zwingend erforderlich! Die Hauptrolle spielt nicht das System, sondern Du! Anbieter von solchen Systemen werben mit Slogans wie: »… personenunabhängige, qualitativ gleiche Bearbeitung von Hilfeersuchen …«, »… Ausgleich von tageszeitlichen oder emotionalen Schwankungen …« oder »… neutrale Situationsbeurteilung …«. Sind solche Werbeversprechen in Deinen Augen realistisch? In meinen Augen sind sie es nicht, sie sind sogar eher irreführend. Es wird die Illusion einer 100 % gleichen Bewertung bei identischem Meldebild erzeugt. Eine neutrale Situationsbeurteilung ist meines Erachtens gar unmöglich!

1 Grundlagen

Bevor ich mit zwei Zitaten in das Thema einsteige, möchte ich an dieser Stelle vorsorglich erwähnen, dass es sich bei dem in dem Kapitel »Grundlagen« Thematisiertem lediglich um kurze Wiederholungen handelt. Sie sollen zur Auffrischung des bereits erworbenen Wissens dienen, und werden nicht in der Tiefe und Ausführlichkeit behandelt, welche sie eigentlich »verdienen«!

»Sprache ist eine ausschließlich dem Menschen eigene, nicht im Instinkt wurzelnde Methode zur Übermittlung von Gedanken, Gefühlen und Wünschen mittels eines Systems von frei geschaffenen Symbolen.« (E. Sapir)

»Sprache ist für alle komplexeren Tätigkeiten und Denkvorgänge des Menschen unverzichtbar.« (W. von Humboldt)

Unsere Sprache ist nicht im Instinkt wurzelnd. Sprache muss erlernt werden. Jeder Mensch erlernt seine eigene (Mutter-) Sprache.

Sprache ist ein System von frei geschaffenen Symbolen, also Worten. Zwei Menschen, welche die gleiche Sprache sprechen, können sich miteinander unterhalten. Spricht ein Mensch diese Sprache nicht, ist eine Unterhaltung mittels Austausches von Informationen in Form von Worten nahezu unmöglich. Nur mit einem umfassenden Wortschatz sind komplexe Tätigkeiten und Denkvorgänge möglich. Dieser Wortschatz baut sich im Lauf des Lebens auf. Je nach Sozialisierung, Ausbildung oder Beruf variiert das Vokabular. Der aktive Wortschatz eines erwachsenen Menschen beträgt durchschnittlich 12 000 bis 16 000 Wörter. Schätzungen gehen von einer Streubreite von 3 000 bis 200 000 Wörtern aus. Der Gesamtwortschatz der deutschen Sprache beinhaltet – je nach Quelle – 500 000 plus X Wörter. Goethe verfügte über einen Wortschatz von 90 000 aktiv gebrauchten Wörtern.

Was ist überhaupt Kommunikation? Betrachtet man dieses Wort nüchtern, handelt es sich um ein feminines Substantiv, welches aus dem Lateinischen stammt (»communicare«) und »teilen«, »mitteilen«, »teilnehmen lassen«, »gemeinsam machen« oder »vereinigen« bedeutet. Die Übersetzung ist laut Duden: »Verständigung durch die Verwendung von Zeichen und Sprache«. Kommunikation umfasst alle Fähigkeiten des Menschen, sich anderen mitzuteilen und andere zu verstehen. Sie ist das Mittel, um Botschaften, Wünsche, Erwartungen und Gefühle auszutauschen. Indem

1.1 Die menschliche Sprache

Menschen miteinander kommunizieren, stellen sie durch den Austausch von Informationen Beziehungen her.

In den folgenden Kapiteln werden die menschliche Sprache, die Kommunikationsformen und exemplarisch drei verschiedene Kommunikationsarten erörtert. Der letzte Block dieses Kapitels ist den Frage- und Gesprächstechniken gewidmet. Grundsätzlich sei gesagt, dass dieses Kapitel nicht mehr und nicht weniger als einen kurzen Abriss, eine kleine Wiederholung darstellen soll. Wer sich für das eine oder andere Thema tiefer interessiert, darf sich gerne aus der Fülle der weiterführenden Literatur bedienen.

1.1 Die menschliche Sprache

Wie funktioniert das Sprechen? Luft passiert die Stimmbänder und erzeugt dabei einen Klang. Durch die Steuerung der Stimmbänder können Pegel und Tonhöhe der Stimme variieren. Durch die Einwirkung der Hohlräume oberhalb der Stimmbänder (Rachen, Mund- und Nasenhöhle) wird das Spektrum der Stimme gefiltert. Ändert man den Kraftaufwand der Stimme, ändern sich Pegel und Frequenzspektrum des Sprachtons. Sogar die Stimmlage ändert sich mit der Anstrengung. Schreien klingt anders, als mit einer entspannten Stimme zu reden.

Um ein einziges Wort zu artikulieren, sind 18 sogenannte »Sprechwerkzeuge« und über 100 Muskeln beteiligt. Das Hörvermögen von Menschen kann Schallschwingungen von ca. 20 Hertz bis 20 000 Hertz verarbeiten. Die Grundfrequenz von Männern ist ca. 125 Hertz, die von Frauen mit ca. 250 Hertz etwa eine Oktave höher, und die von Babys ca. 450 Hertz. Da Babys noch keine Sprache beherrschen und dadurch nicht ihre Bedürfnisse verbalisieren können, ist es umso wichtiger, dass sie laut und deutlich auf sich aufmerksam machen können. Oftmals zum Leidwesen ihrer Eltern.

Mit der Stimmlage werden unterschiedliche menschliche Eigenschaften verknüpft. Dieses Phänomen nennt man »Halo-Effekt«, worauf ich in einem späteren Kapitel genau eingehen werde. So suggeriert zum Beispiel eine tiefe Männerstimme Kompetenz, Souveränität, Verlässlichkeit, Dominanz und genetische Stabilität. Eine hohe Kleinmädchenstimme suggeriert Unterwerfung und eine hohe Frauenstimme Weiblichkeit und Fruchtbarkeit (Kreuziger 2014).

1 Grundlagen

Die Stimm- und Sprachführung kann nach acht verschiedenen Ausdrucksmerkmalen bewertet werden:
1. Stimme (warm – kalt)
2. Lautstärke (laut – leise)
3. Sprechgeschwindigkeit (schnell – langsam)
4. Modulation von Lautstärke und Sprechgeschwindigkeit (viel – wenig)
5. Sprechpausen (lang – kurz)
6. Engagement (dynamisch – zurückhaltend)
7. Aussprache (deutlich – undeutlich)
8. Verlegenheitslaute (viele – wenig)

»Die Sprache eines Menschen ist nicht nur wirksames – oder unwirksames Werkzeug, sondern kann auch ein Heilmittel, eine Waffe oder ein Gift sein.« (H. Eichler)

Wie sprichst Du? Kennst Du Deine Stimme? Weißt Du, wie Deine Stimme auf andere Menschen wirkt? Immerhin ist sie Dein einziges und somit zeitgleich auch wichtigstes Kommunikationsmedium im Notrufdialog. Seine Stimm- und Sprachführung selbst zu bewerten ist sehr schwierig bis unmöglich. Aus diesem Grund möchte ich Dich zu einer Feedback-Übung einladen!

Übung:
Um diese Übung durchführen zu können, benötigst Du den Bewertungsbogen »Notruf-Analyse«, den Du in den Anhängen (▶ Anhang 1) findest.
Suche Dir einen Kollegen, dem Du vertraust und zutraust, diese Bewertung möglichst objektiv durchführen zu können. Die Aufgabe des Kollegen ist es, Deine Stimm- und Sprachführung anhand der in dem Bewertungsbogen genannten Punkte zu bewerten und Dir ein Feedback hierüber zu geben. Höre Dir mit diesem Kollegen fünf von Dir durchgeführte Notrufgespräche an. Die Bewertung ist natürlich auch »on scene«, also: im Live-Notrufgespräch im Leitstellenbetrieb möglich. Viel Spaß dabei!

Fakten zur Stimme:
- Es wird angenommen, dass sich in einer langen Beziehung ganz unbewusst Stimmlage und Sprechtempo aneinander annähern!
- Wusstest Du, dass die Stimme so individuell und unverwechselbar ist, wie ein Fingerabdruck?
- Wusstest Du, dass es einen stimmbasierten Lügendetektor gibt? (»Vocal Profiling« mittels »Voice-Stress-Analysis«)

1.2 Kommunikationsformen

Verbale Kommunikation ist die Art der Kommunikation, bei der menschliche Sprache verwendet wird, um Informationen auszutauschen. Sie kann mündlich oder schriftlich erfolgen und ist ein wichtiger Bestandteil der menschlichen Interaktion. Mündliche verbale Kommunikation findet häufig in Gesprächen, Vorträgen oder Präsentationen statt, während schriftliche verbale Kommunikation durch Briefe, E-Mails, SMS oder andere Formen von schriftlichen Texten erfolgt. Eine wichtige Eigenschaft der verbalen Kommunikation ist, dass sie sich auf die Verwendung von Worten und Sprache konzentriert, um Informationen auszudrücken und zu übertragen. Sie kann jedoch auch durch Ton, Betonung (paraverbale Kommunikation) und Gesten (nonverbale Kommunikation) unterstützt werden, um die Bedeutung von Worten zu verdeutlichen oder zu betonen.

Verbale Kommunikation ist ein wesentlicher Bestandteil der menschlichen Interaktion und wird in vielen Bereichen unseres täglichen Lebens verwendet, wie zum Beispiel in der Arbeit, in Beziehungen, in der Bildung und in der Freizeit. Sie hilft uns, unsere Gedanken und Ideen zu äußern, zu diskutieren und zu debattieren, und ermöglicht es uns, unsere Meinungen und Gefühle mit anderen zu teilen. Verbale Kommunikation ist auch wichtig, um menschliche Beziehungen aufzubauen und zu pflegen und um Informationen zu übertragen und zu lernen.

Paraverbale Kommunikation bezieht sich auf die Art und Weise, wie wir unsere Worte aussprechen. Die paraverbalen Anteile (Sprachnebenbestandteile) lassen in der Regel einen direkten Rückschluss auf die emotionale Verfassung des Notrufenden zu, wie zum Beispiel die Lautstärke (laut: aufgebracht, leise: ängstlich) und Geschwindigkeit (schnell: aufgebracht, langsam: entspannt).

Aber Achtung:
Manche Menschen kommunizieren »inkongruent«, also: nicht erwartungsgemäß. So haben manche Menschen beispielsweise eine ruhige Stimmlage bei einem hochdramatischen Notfall. Inkongruente Kommunikation kann sich zu einem großen Risiko entwickeln!

Paraverbale Kommunikation ist ein wichtiger Teil der Kommunikation, da sie die Bedeutung von Worten und Sätzen unterstützen und verdeutlichen kann. Sie kann

1 Grundlagen

auch dazu beitragen, die Stimmung oder das emotionale Ausdrucksvermögen einer Person zu vermitteln.

Ein Beispiel für paraverbale Kommunikation wäre, wenn jemand eine Frage mit einer hohen Stimme und betonter Stimme stellt, um Interesse oder Verwirrung auszudrücken. Oder wenn jemand eine Aussage mit einer langsamen, tiefen Stimme macht, um Autorität oder Ernsthaftigkeit zu vermitteln.

> Paraverbale Kommunikation kann sich auf verschiedene Weise auf die Kommunikation auswirken. Sie kann die Glaubwürdigkeit, die Autorität oder die Vertrauenswürdigkeit einer Person vermitteln oder eine engere Verbindung mit dem Gesprächspartner aufbauen. Sie kann auch dazu beitragen, Missverständnisse oder Verwirrung zu vermeiden, indem sie die Bedeutung von Worten und Sätzen verdeutlicht.

Nonverbale Kommunikation ist eine Art der Kommunikation, bei der keine Worte verwendet werden, sondern stattdessen Körpersprache, Gesten, Mimik und andere nichtverbalen Verhaltensweisen, um Informationen auszudrücken und zu übertragen. Nonverbale Kommunikation ist ein wichtiger Bestandteil der menschlichen Interaktion und kann viele verschiedene Funktionen haben. Sie kann zum Beispiel dazu beitragen, Gefühle und Emotionen auszudrücken, die Stimmung einer Person zu vermitteln oder die Aufmerksamkeit einer anderen Person auf sich zu lenken. Ein Beispiel für nonverbale Kommunikation wäre, wenn jemand eine Grimasse schneidet, um Unbehagen oder Ekel auszudrücken, oder wenn jemand die Augenbrauen hochzieht, um Erstaunen oder Überraschung auszudrücken. Nonverbale Kommunikation kann auch durch Körperhaltung, Bewegungen und Distanz zum Gesprächspartner ausgedrückt werden.

Nonverbale Kommunikation ist ein wichtiger Bestandteil der menschlichen Interaktion und kann auf verschiedene Weise die Bedeutung von Worten und Sätzen unterstützen oder verändern. Es ist jedoch wichtig zu beachten, dass nonverbale Kommunikation von Kultur zu Kultur unterschiedlich interpretiert werden kann und daher möglicherweise nicht immer leicht zu verstehen ist. Nonverbale Kommunikation ist bewusst oder unbewusst möglich.

Teilt man die Kommunikationsformen in die Ebenen »**Sachebene**« und »**Beziehungsebene**« ein, kann festgestellt werden, dass es sich bei der verbalen Kommunikation um die Sachebene handelt (»Was sage ich?«), bei der paraverbalen Kommunikation um die Beziehungsebene (»Wie sage ich es?«), und bei der non-

1.2 Kommunikationsformen

verbalen Kommunikation ebenso um die Beziehungs-Ebene (»Wie stehe ich zu meinem Gesprächspartner?«).

Es liegt in der Natur der Sache, dass uns als Mitarbeitern in Leitstellen nur zwei von drei Kommunikationsformen in der Notruf-Kommunikation zur Verfügung stehen. Durch die Kommunikation mittels Telefons können wir nicht nonverbal kommunizieren (zumindest aktuell noch nicht). Dies mag sich in den nächsten Jahrzehnten mit der Einführung von Video-Kommunikation im Kontext »Notruf« ändern. Durch den Wegfall der nonverbalen Kommunikation ist es uns nicht möglich, Versprecher oder ähnliches »auszugleichen«, wie wir es in der Face-to-Face-Kommunikation praktizieren könnten.

Wenn ich die Lehrgangsteilnehmer frage, welcher Anteil der Kommunikation ihrer Meinung nach im Kontext »Notruf« am wichtigsten sei, bekomme ich immer wieder die Antwort: »verbale Kommunikation«. Das ist aber nicht korrekt, der Anteil der »paraverbalen Kommunikation« hat in unserem Setting die höchste Wichtigkeit.

Es geht im Kern nicht nur darum, **was** ich frage, sondern, bedeutsamer ist, **wie** ich etwas frage. Der paraverbale Anteil kann nicht nur von uns gehört und interpretiert werden, sondern auch von den Notrufenden. Es geht um den bewussten Einsatz von Sprache. Mit einer guten Gesprächsführung ist es wesentlich einfacher, Informationen von Notrufenden zu bekommen und ein gutes Gesprächsklima herzustellen und somit die Kooperationsbereitschaft zu fördern.

Andersherum ausgedrückt, kann man feststellen: ein fachlich hochkompetenter Mitarbeiter, der aber in seiner kommunikativen Kompetenz ausbaufähig ist, hat im Notrufdialog größere Probleme in der Gesprächsführung als derjenige, der zwar fachliche Mängel hat, aber dafür über eine ausgeprägte kommunikative Kompetenz verfügt.

1.2.1 Kommunikationsmodelle

Kommunikationsmodelle sind Analysewerkzeuge, die dazu dienen, die Funktionsweise von Kommunikation zu verstehen und zu beschreiben. Es gibt verschiedene Arten von Kommunikationsmodellen, die auf verschiedene Aspekte von Kommunikation fokussieren und unterschiedlich detailliert sind. Im Allgemeinen dienen Kommunikationsmodelle dazu, das Verständnis von Kommunikation zu verbessern und zu erklären, wie Menschen miteinander kommunizieren und Informationen austauschen. Anhand der Kommunikationsmodelle lässt sich gut veranschaulichen, wie es zu Störungen im Kommunikationsprozess kommen kann. Wir sprechen über

1 Grundlagen

Bild 2: *Kommunikationsmodell*

interindividuelle Kommunikation: die Kommunikation zwischen zwei Individuen (Menschen). Interindividuelle Kommunikation ist höchst störanfällig.

Warum wir uns so selten verstehen…
Es ist doch ein Dilemma. Ich habe genau im Kopf, was ich meinem Gesprächspartner mitteilen wollte, aber irgendwie kommt meine Botschaft überhaupt nicht an oder bezweckt genau das Gegenteil von dem, was ich erreichen wollte oder erwartet habe. Schauen wir uns ▶ Bild 2 einmal an. Der blaue Bereich beinhaltet alles, was wir denken und fühlen. Wie man erkennen kann, ist der hellgrüne Bereich, welcher alles das kennzeichnet, was wir von dem Gedachten und Gefühlten tatsächlich in Worte fassen können, schon deutlich kleiner als der blaue Bereich. Der rote Bereich kennzeichnet alles das, was wir sagen, und der kleine, dunkelgrüne Bereich kennzeichnet das, was andere davon verstehen.

Ich möchte an dieser Stelle in aller Kürze drei Kommunikationsmodelle vorstellen. Das sind:
1. das Eisberg-Modell nach Freud
2. das Kommunikationsquadrat nach Schulz von Thun
3. die Transaktionsanalyse nach Berne

1.2.2 Das Eisberg-Modell nach Freud

Sigmund Freud, der wohl berühmteste Psychologe und Psychoanalytiker (1856–1939) entwickelte dieses Modell, um zu veranschaulichen, dass es auch in der Kommunikation bewusste und unbewusste Anteile gibt. Wie man auf ▶ Bild 3

1.2 Kommunikationsformen

erkennen kann, ist der bewusste Anteil unserer Kommunikation im Verhältnis zu dem unbewussten Anteil unserer Kommunikation sehr gering.

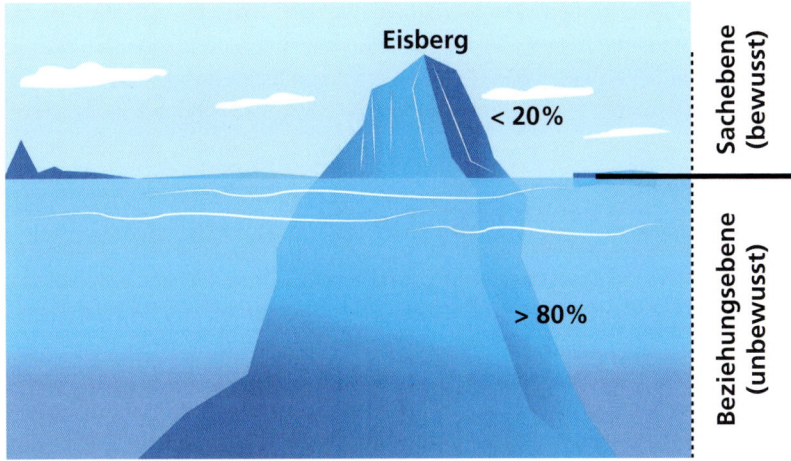

Bild 3: *Eisberg-Modell*

Lange hielt sich die 20 %/80 %-Regel (bewusst/unbewusst), heutzutage geht man aber davon aus, dass der bewusste Anteil der Kommunikation weniger als 20 % einnimmt, und der unbewusste Anteil mehr als 80 % einnimmt. Der Eisberg wurde zur Veranschaulichung natürlich mit Absicht gewählt.

Merke:
Es ist in der Kommunikation genauso wie mit einem Eisberg. Sichtbar ist nur die Spitze, der größte Teil ist für uns unsichtbar.

Gehen wir einen Schritt zurück, und schauen uns noch einmal die Kommunikationsformen an. Wir haben festgestellt, dass es sich bei der verbalen Kommunikation um die Sachebene handelt, und bei der paraverbalen Kommunikation um die Beziehungsebene. Dieses Bild unterstreicht die Wichtigkeit der paraverbalen Anteile in der zwischenmenschlichen Kommunikation.

1 Grundlagen

1.2.3 Das Kommunikationsquadrat nach Schulz von Thun

Friedemann Schulz von Thun (1944 bis heute), seines Zeichens Psychologe und Kommunikationswissenschaftler, hat das »Vier-Ohren-Modell« entwickelt. Heutzutage nennt er dieses Modell »Kommunikationsquadrat«, aus den vier Ohren sind vier Seiten geworden. Es ist ein Kommunikationsmodell, das dazu dient, die Funktionsweise von Kommunikation zu verstehen und zu analysieren. Das Modell unterscheidet zwischen vier verschiedenen »Ohren«, die jeder Person zugeordnet werden können:

- Das »**sachliche Ohr**« bezieht sich auf den Inhalt der Nachricht und darauf, was gesagt wird.
- Das »**beziehungsorientierte Ohr**« bezieht sich auf die persönliche Ebene der Kommunikation und darauf, wie die Nachricht die Beziehung zwischen Sender und Empfänger beeinflusst.
- Das »**appellierende Ohr**« bezieht sich auf die emotionale Wirkung der Nachricht auf den Empfänger und die Möglichkeit, den Empfänger zu beeinflussen oder zu bewegen.
- Das »**selbstoffenbarende Ohr**« bezieht sich auf die persönlichen Gedanken und Gefühle, die der Sender in der Nachricht mitteilt.

Das Kommunikationsquadrat nach Schulz von Thun hilft, die unterschiedlichen Aspekte von Kommunikation zu verstehen und zu analysieren. Es betont, dass Kommunikation nicht nur darauf ausgerichtet ist, Informationen zu übermitteln, sondern auch darauf, die Beziehung zwischen Sender und Empfänger zu beeinflussen und die emotionale Wirkung der Nachricht zu berücksichtigen.

> **Beispiel:**
> Zur Verdeutlichung des Vier-Ohren-Modells wird gerne das Beispiel des Ehepaars »Die Ampel ist grün!« genommen. Da es in diesem Buch um Kommunikation im Fokus Leitstelle geht, nehme ich ein Beispiel aus dem Leitstellen-Alltag! Stell Dir vor, Du löst einen Kollegen am Einsatzleitplatz ab. Wie so häufig vergisst er seine Kaffeetasse, dazu kommt, dass er geschlabbert hat und unter der Tasse noch ein Kaffeerand zu sehen ist. Nehmen wir an, Du bist ein ordnungsliebender Mensch und Du kannst den Kollegen, den Du abgelöst hast, nicht sonderlich gut leiden, weil er Deiner Meinung nach schlecht über Dich redet, sagst Du nun folgenden Satz:
> »Am Einsatzleitplatz steht noch eine Tasse Kaffee.«

1.2 Kommunikationsformen

> Nun überlege, wie dieser Satz gesagt werden würde, um die verschiedenen Ohren Sachebene, Beziehungsebene, Apell und Selbstoffenbarung anzusprechen. Der Satz bleibt derselbe. Aber die Betonung, Lautstärke etc., also die paraverbalen Anteile, verändern sich!

Bild 4: *Kommunikationsquadrat*

Aber Vorsicht, es gilt:
Die Interpretation des Gesagten obliegt dem Empfänger, der Empfänger macht die Nachricht!

1.2.4 Die Transaktionsanalyse nach Berne

Transaktionsanalyse hört sich kompliziert an, ist sie aber nicht! Sie ist ein Verfahren aus der Psychologie, das zur Analyse und Verbesserung von Kommunikation und Interaktion in sozialen Beziehungen verwendet wird. Sie wurde von dem Psychologen Eric Berne (1910–1979) entwickelt und basiert auf der Annahme, dass jede menschliche Interaktion als eine Art »Transaktion« zwischen zwei Personen verstanden werden kann. In der Transaktionsanalyse werden drei verschiedene Persönlichkeitsanteile (auch »Ich-Zustände« genannt) unterschieden: das Eltern-Ich, das Erwachsenen-Ich und das Kind-Ich. Jeder dieser Persönlichkeitsanteile hat seine eigenen Verhaltensmuster und Gefühle, die in verschiedenen Situationen zum Ausdruck kommen können.

1 Grundlagen

So schreibt man dem Eltern-Ich folgende Eigenschaften zu: zurechtweisend, bevormundend aber auch umsorgend. Das Erwachsenen-Ich ist der aufmerksame Zuhörer, der reflektierte und sachliche Redner. Das Kind-Ich kommuniziert, ohne auf Konsequenzen zu achten, albern und trotzig. Welchen »Ich-Zustand« Du annimmst, ist in der Regel völlig unbewusstes Verhalten. Ein Wechsel dieses Zustands ist in einem Gespräch möglich.

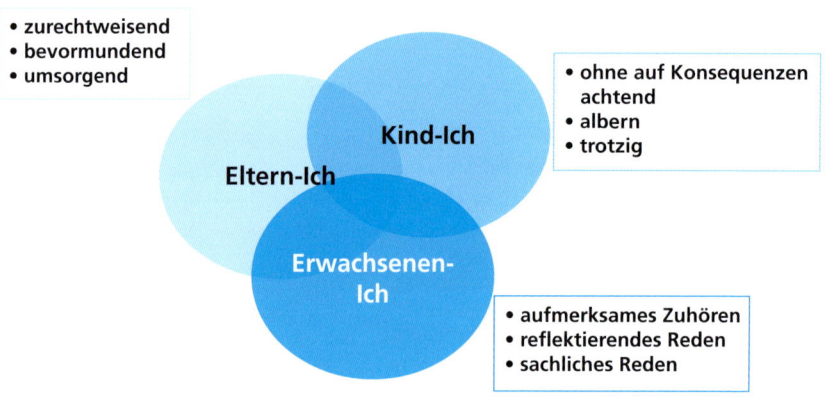

Bild 5: *Transaktionsanalyse*

In jedem von uns »wohnen« alle Persönlichkeitsanteile. Wenn sich zwei Gesprächspartner auf einer Ebene befinden, sind keine Störungen zu erwarten. Befinden sie sich allerdings auf unterschiedlichen Ebenen, sind Störungen im Kommunikationsprozess vorprogrammiert.

> **Beispiel:**
> Stell Dir vor, Du bearbeitest einen Notruf von Herrn Prof. Dr. Hase. Herr Prof. Dr. Hase ist Chefarzt und benötigt für seine Frau Hilfe. Du befindest Dich im Erwachsenen-Ich und Herr Prof. Dr. Hase im Eltern-Ich, mit allen dranhängenden kommunikativen Konsequenzen. Er will Dir erklären, wie die Welt funktioniert (weil er das immer so macht) und möchte Dir aufzwingen, was Du zu tun hast. Er kommuniziert von oben herab und sehr direktiv. Hier kommt das Phänomen der Statuswippe zum Tragen, welches ich in einem späteren Kapitel erörtern werde.
>
> Kannst Du Dir vorstellen, dass dieses Notrufgespräch eskalieren kann? Ich denke schon. Auch an diesem Beispiel wird deutlich, welchen Einfluss die paraverbalen Gesprächsanteile haben.

1.3 Fragearten und -typen

> **Beispiel:**
> Nächstes Beispiel: Stell Dir vor, Du bist ein sehr erfahrener Mitarbeiter und Du hast mit einem sehr jungen Kollegen Nachtdienst. Du magst ihn nicht sehr gerne, weil er mit seinen jungen Jahren angeblich schon alles erlebt hat, was man erleben kann und eine große Klappe hat. Dieser junge Kollege bearbeitet einen Notruf, Du bekommst das Gespräch mit und denkst Dir: Was für einen Quatsch fragt er da? Er alarmiert einen RTW mit Sondersignal zur Einsatzstelle. Kurze Zeit später klingelt erneut der Notruf, Du nimmst das Gespräch an und stellst fest, dass die Anrufer des letzten Notrufs sich erneut melden. Du führst souverän dieses Gespräch, stellst die richtigen Fragen und kommst zum Schluss, dass ein Notarzt hinzualarmiert werden muss. Du änderst das Einsatzstichwort, holst Dir einen Einsatzmittelvorschlag und alarmierst den Notarzt nach. Um Deinen jungen Kollegen darauf aufmerksam zu machen, dass er Deiner Meinung nach nicht richtig gehandelt hat, weist Du ihn an: »Sag dem RTW mal, dass noch ein Notarzt zur Einsatzstelle XYZ kommt!«
> Was glaubst Du, welchen Ich-Zustand Du einnimmst? Aller Voraussicht nach das Eltern-Ich. Wie würde sich dieser Satz bei Dir anhören?

> **Beispiel:**
> Ähnliche Situation, anderes Setting: Diesmal hast Du mit Deinem Lieblingskollegen Dienst. Ihr kennt euch seit vielen Jahren und albert gerne herum. Ihr befindet euch beide im Kind-Ich. Wie würde sich dieser Satz dann bei Dir anhören?

1.3 Fragearten und -typen

Fragen bestimmen das Notrufgespräch. Es gibt zwei verschiedene Fragearten und eine Menge unterschiedlicher Fragetypen. Bei den Fragetypen sind einige zu finden, die in einem Notrufkontext nicht eingesetzt werden sollen, weil sie hochmanipulativ sind. Man unterscheidet auf der einen Seite offene Fragen und auf der anderen Seite geschlossene Fragen.

Geschlossene Fragen haben gemeinsam, dass es auf eine Frage immer nur eine Antwortmöglichkeit gibt. Gerne antworten Lehrgangsteilnehmer auf diese Frage, es handle sich um »Ja/Nein-Fragen«, dies ist aber nicht korrekt. Beispiele: »In welcher Stadt ist der Notfall?« oder »Unter welcher Telefonnummer können wir sie erreichen?«

1 Grundlagen

Offene Fragen haben gemeinsam, dass die Art der Antwort des Gesprächspartners nicht limitiert ist, also offen ist. Die Antwort ist nicht vorhersehbar. Beispiele: »Was ist der genaue Grund ihres Anrufs?« Oder »Wann soll der Patient abgeholt werden?«

Mit welcher Frageart muss wohl im Kontext »Notruf« am häufigsten gearbeitet werden, um möglichst schnell zum Ziel zu kommen? Es sind die geschlossenen Fragen! Außer bei Suizidenten und sehr zurückhaltenden Anrufern. In diesen Fällen sollte man hauptsächlich mit offenen Fragen arbeiten. Das Thema »Gesprächsführung mit Suizidenten« wird am Ende des Buches thematisiert.

Was glaubst Du, welcher Frageart die Frage entspricht: »Wo genau ist der Notfallort?« Geschlossene Frage? Offene Frage?

Bei dieser Frage handelt es sich um einen recht seltenen Spezialtyp, es ist eine geschlossene Frage mit einem offenen Charakter! Genau aus diesem Grund ist die Frage »Wo genau ist der Notfallort?« nur bedingt bei der Notruf-Eröffnung geeignet (Trautmann 2021). Die Anrufer können auch »Im Garten«, »Im Supermarkt« oder »Hier direkt an der Kirche« antworten. Diese Antworten bringen uns bei der Verifizierung des Einsatzortes leider nicht weiter. Es gibt Alternativen, die meiner Ansicht nach besser geeignet und zielführender sind. Dazu zu einem späteren Zeitpunkt mehr. »Wo genau ist der Notfallort?« ist als Frage nur bedingt zur Notruferöffnung geeignet.

Zur weiteren Differenzierung von Fragen gibt es diverse Fragentypen. Ich werde einige für die Leitstellenarbeit sinnvolle Fragetypen vorstellen und jeweils mit einem Beispiel verdeutlichen. Vor zwei Fragetypen werde ich explizit warnen und erläutern, warum diese nicht angewendet werden sollen.

- **Einstiegsfrage** (offen): »Was ist der genaue Grund Ihres Anrufs?«
- **Alternativfrage** (geschlossen): »Soll der Patient sitzend oder liegend transportiert werden?«
- **Vergleichsfrage** (geschlossen): »Sind Ihre aktuellen Beschwerden genauso wie bei Ihrem letzten Herzinfarkt?«
- **Bumerangfrage** (geschlossen): »Wieso sind Sie nicht damit einverstanden, dass der Krankenwagen erst in zwei Stunden kommt?«

Dieser Fragentyp (Bumerangfrage) bedarf einer weiteren Erläuterung! Stell Dir vor, Oma Brömmelkamp ruft die 112 an, weil Sie bei dem Hausarzt ihres Mannes eine Einweisung für ihn abgeholt hat. Es kommt nicht selten vor, dass einweisende Ärzte den Patienten selbst nicht gesehen haben, sich auf die Aussagen der Angehörigen

1.3 Fragearten und -typen

verlassen und denen die Einweisungspapiere mitgeben, mit dem Auftrag, zuhause einen Krankenwagen zu rufen. In unserem Beispiel hat genau das stattgefunden. Opa Brömmelkamp hat eine schwere COPD, »pfeift aus dem letzten Loch« und wird immer wieder bewusstlos. Dies hat Oma Brömmelkamp bei dem Hausarzt aber nicht erwähnt. Nun ruft sie den Notruf an und teilt mit, dass sie für ihren Mann eine Einweisung hat, er ins Krankenhaus soll und einen Krankenwagen benötigt. Erstmal für den Leitstellenmitarbeiter ein entspannter Standard-Anruf. Weil aktuell viel zu tun ist und alle KTW die nächsten Stunden verplant sind, teilt er mit: »Wir werden Ihren Mann in ungefähr zwei Stunden abholen!« Woraufhin Oma Brömmelkamp entgegnet: »Oh Gott, oh Gott, so lange dauert es?« Dies ist eine typische Indikation für die oben als Beispiel genannte Bumerangfrage. Daraufhin teilt Oma Brömmelkamp mit: »Mein Mann hat schon ganz blaue Lippen und verliert immer wieder das Bewusstsein!« Mit dieser Aussage bekommt das Notrufgespräch eine ganz andere Richtung. Du glaubst, das kommt nicht vor? Da muss ich Dich enttäuschen, diese Konstellationen kommen immer wieder vor! Mit einer Bumerangfrage wird »der Ball zurückgespielt«.

- **Isolationsfrage** (geschlossen): »Was ist Ihr Hauptproblem?«

Isolationsfragen können gut bei Anrufern zum Einsatz gebracht werden, die eine ganze Litanei von Erkrankungen schildern. Um ein zielgerichtetes Notrufgespräch führen zu können, macht es Sinn, nach dem aktuellen Hauptproblem zu fragen. Auch ist die Frage: »Was genau hat sich in den letzten Stunden verändert?« bei chronisch erkrankten Menschen mit einer langen Leidensgeschichte sehr zielführend.

- **Skalierungsfrage** (geschlossen): »Wie stark sind Ihre Schmerzen auf einer Skala von null bis zehn?«

Achtung:
Skalierungsfragen sind im Notruf-Kontext nur sehr bedingt geeignet, da das Schmerzempfinden der Menschen sehr unterschiedlich und höchst subjektiv geprägt ist. Das Ziel im Notrufdialog ist es, möglichst objektive Beurteilungskriterien zur Bewertung eines Meldebildes heranzuziehen.

Als nächstes kommen zwei Fragetypen, welche im Notrufdialog gänzlich ungeeignet sind und Eskalations-Potenzial besitzen:

- **Suggestivfrage** (Antwort wird mitgeliefert): »Sie haben doch keine Brustschmerzen, oder?«

1 Grundlagen

Warum ist dieser Fragetyp so toxisch? Suggestivfragen sind eine Form der höchst manipulativen Gesprächsführung. Die Tatsache, dass durch den Leitstellenmitarbeiter bereits eine Antwort »mitgeliefert« wird, stellt für den Notrufenden eine sehr große Hürde für eine mögliche Gegenrede dar. Notrufende stehen oftmals unter einem hohen emotionalen Druck und möchten schnellstmöglich Hilfe bekommen. So kann es passieren, dass – obwohl der Anrufer Schmerzen in der Brust hat – diese Frage mit »nein« beantwortet. Mit dem Einsatz von Suggestivfragen kann kein objektives Meldebild entstehen, das Notrufgespräch wird »eingefärbt« und manipuliert. Wir müssen uns immer wieder vor Augen halten, dass wir in unserer Position sehr »mächtig« sind und in aller Regel der »stärkere« Gesprächspartner. Diese »Macht« sollten wir nicht ausnutzen!

- **Rhetorische Frage** (Antwort ist den Beteiligten bereits bekannt): »Sie wissen, dass wir 03:30 Uhr haben?«

Es ist 02:30 Uhr in der Nacht. Ein junger Mann ruft die 112 an, und teilt mit, dass er schon den ganzen Tag Bauchschmerzen habe, es aber jetzt nicht mehr ginge. Nun stellst Du die Frage »Sie wissen, wie spät es ist?« Was glaubst Du, mit dieser Frage zu erreichen? Rein gar nichts, außer dass Du Dich demonstrativ über den Notrufenden stellst, und auch hier wieder Deine Macht demonstrierst. Außerdem hat diese Frage das Potenzial dazu, das Notrufgespräch eskalieren zu lassen, weil der junge Mann sich nicht ernstgenommen fühlt.

> **Merke:**
> Wir sind von der Kooperation der Anrufer abhängig. Sie sind unsere Hände, Augen, Ohren und Nasen. Es gilt: Wer fragt, der führt!

1.4 Gesprächstechniken

1.4.1 Aktives Zuhören/aktive Gesprächsführung

Das aktive Zuhören bzw. die aktive Gesprächsführung wurde durch den US-amerikanischen Psychologen und Psychotherapeuten Carl Rogers (1902–1987) erstmals beschrieben. Sie bezieht sich auf die Art und Weise, wie eine Person ein Gespräch leitet und es vorantreibt. Es geht darum, dass die Person, die das Gespräch führt, aktiv an der Kommunikation teilnimmt, indem sie Fragen stellt, auf die Antworten der

1.4 Gesprächstechniken

anderen Personen eingeht und das Gespräch auf Kurs hält. Eine Person, die aktiv an einem Gespräch teilnimmt, zeigt Interesse an dem, was die anderen Personen sagen und ist bereit, ihnen zuzuhören und sich auf ihre Perspektiven einzulassen. Sie nutzt auch die Möglichkeit, ihre eigenen Ideen und Meinungen zu äußern, um das Gespräch voranzutreiben und die Kommunikation auf einem produktiven Niveau zu halten.

Ich möchte vorwegnehmen, dass diese Gesprächstechnik die wichtigste Technik ist, um Notrufgespräche effizient und effektiv zu führen. Das aktive Zuhören beinhaltet verschiedene Elemente, die aber nicht alle in den Leitstellenkontext passen, wie zum Beispiel die körperliche Hinwendung oder das nonverbale Bestätigen. Bei der aktiven Gesprächsführung wird sowohl die »Sachebene« als auch die »Gefühlsebene« gehört. Bereits den ersten gesprochenen Worten eines Notrufenden kann man wichtige Informationen entnehmen. Man merkt sehr schnell, wie die emotionale Situation des Notrufenden ist und kann sofort kommunikativ reagieren. Auch hier ist die Paraverbalität wieder entscheidend.

Die aktive Gesprächsführung hat fünf Hauptelemente, wovon zwei ein besonderes Augenmerk in ▶ Kapitel 4.2 bekommen, weil sie besonders wichtige und äußerst effektive Hilfsmittel sind!

1. Nachfragen

Bei der Technik des Nachfragens geht es darum, aus einem entstehenden Bild im Kopf ein möglichst objektives Bild entstehen zu lassen. Wie Dir sicherlich bekannt ist, muss das Bild, welches zwangsläufig in unserem Kopf entsteht, ob wir wollen oder nicht, nicht zwingend mit der Realität vor Ort übereinstimmen. Dem Thema »Bilder im Kopf« widme ich in ▶ Kapitel 2.2.1 einen eigenen kleinen Abschnitt.

> **Beispiel:**
> ANR: »Mein Sohn ist gestürzt und ich komme nicht an ihn ran...«
> DIS: »Wieso kommen Sie nicht an ihn ran?« oder »Ich habe noch nicht ganz verstanden, weshalb Sie nicht an ihn rankommen, erklären Sie mir ganz genau, was passiert ist!«

Die Technik des Nachfragens begleitet uns während des kompletten Notrufdialogs. Manchmal fühlt man sich wie ein Kommissar, der eine Straftat aufdecken muss. Das subjektiv geschilderte Hauptproblem muss nicht automatisch das objektive/medizinische Hauptproblem sein. So habe ich vor einiger Zeit einen Notruf eines Kollegen supervidiert, in welchem die Anruferin geschildert hat, dass sie »seit Tagen so einen trockenen Mund hat, den sie nachts sogar einölen muss…«. Wie Du Dir vielleicht vorstellen kannst, war das primär geschilderte Symptom nicht ihr Hauptproblem. In einem wirklich kurzen Nebensatz im Laufe des Notrufdialogs erwähnte sie leise und zurückhaltend, dass sie auch »irgendwie schlecht Luft bekommt, Schmerzen in der Brust hat, und so schwach ist, dass sie gar nicht mehr selber zum Arzt gehen könne…«.

2. Weiterführen

Viele Menschen sind in ihrer Kommunikation nicht klar und teilen nur auf Nachfrage mit, was sie wirklich möchten. Es wird ein Sachverhalt geschildert, zum Teil müssen wir aus den Schilderungen der Anrufer interpretieren, ableiten und mutmaßen, was sie von uns möchten und/oder erwarten, was ihr Motiv ist, den Notruf zu wählen. Da wir keine Hellseher sind, kannst Du Dir die Technik des »Weiterführens« zu Nutze machen.

> **Beispiel:**
> ANR: »Ich habe seit 14 Tagen soooo starke Rückenschmerzen. Die Schmerzmittel, die ich zu Hause habe, wirken nicht mehr. Irgendwie ziehen die Schmerzen jetzt auch in den linken Oberschenkel. Und ausgerechnet jetzt ist meine Frau mit ihren Freundinnen im Urlaub und ich kenne niemanden hier, weil wir vor 10 Wochen erst hier her gezogen sind…«
> DIS: »… und deshalb möchten Sie, dass der Rettungsdienst jetzt zu Ihnen nach Hause kommt…?«
> ANR: »Genau! Ich habe auch gar kein Geld für ein Taxi und außerdem komme ich schneller dran, wenn ich mit dem Krankenwagen gebracht werde. Ich gehe schon mal runter und warte an der Straße auf Sie!«

Wenn Du in einer Leitstelle arbeitest, wirst Du schon viele dieser Gespräche geführt haben. Eine leere Geldbörse als Motiv den Rettungsdienst in Anspruch nehmen zu wollen.

3. Abwägen

Es gibt Notrufgespräche, an deren Ende es mehrere Handlungsoptionen gibt. Ich binde die Patienten (wenn ich nicht selbst mit dem Patienten sprechen kann, die Notrufenden) immer gerne in die Entscheidungen mit ein, damit sie das Gefühl haben, mitentschieden zu haben. Gerade dann, wenn ich mir sicher bin, dass der Patient nicht zwingend in ein Krankenhaus transportiert werden muss, aber der

1.4 Gesprächstechniken

Notrufende der Überzeugung ist, dass es keine andere Option als eine Hospitalisierung gibt.

4. Paraphrasieren
Ein anderer Begriff für paraphrasieren ist »loopen«. Bei dem Paraphrasieren geht es darum, den Kommunikationskreislauf zu schließen. Man paraphrasiert, indem man verstandene Kernbotschaften mit eigenen Worten kurz wiederholt. Auf keinen Fall soll man jede vom Anrufer gegebenen Informationen wiederholen! Werden tatsächlich alle Informationen wiederholt, kann dies zum sogenannten »Papageieneffekt« führen, wodurch sich der Notrufende nicht ernstgenommen fühlt und in weiterer Folge für ein angespanntes Kommunikationsklima sorgen.

Bei dem Paraphrasieren geht es ausschließlich um die Sachebene! Ich eröffne meinem Gesprächspartner mit dieser Technik die Möglichkeit korrigierend einzugreifen und teile ihm mit, was ich verstanden habe.

> **Durchführung:**
> Calltaker: »Okay, Sie haben also seit drei Wochen Bauchschmerzen!« Anrufer: »Nein, ich habe seit drei Stunden Bauchschmerzen!«

5. Spiegeln
Im Gegensatz zum Paraphrasieren ist der Kern dieser Gesprächstechnik nicht die Sachebene, sondern die Beziehungsebene. Beim Spiegeln geht es also um den vermuteten emotionalen Zustand des Anrufers. Genau dieser vermutete Zustand soll kurz mit eigenen Worten angesprochen werden. Aber Achtung! Bei der Wortwahl ist Vorsicht geboten. Die Worte »Angst/ängstlich« und »Wut/wütend« sollen vermieden werden, da sie das Potenzial zum Triggern haben und negativ besetzt sind.

Eine sinnvolle Alternative ist das alte Wort »aufgebracht«, welches im deutschen Sprachgebrauch nur noch selten zu finden ist. Im Gegensatz zu den vorher genannten ist es nicht negativ besetzt. Ein wichtiges psycholinguistisches Detail!

1 Grundlagen

Merke:

Psycholinguistik ist ein interdisziplinäres Forschungsgebiet, das sich mit der Verarbeitung von Sprache im Gehirn beschäftigt. Es untersucht, wie wir Sprache wahrnehmen, produzieren und verstehen, sowie welche kognitiven Prozesse dabei beteiligt sind. Die Psycholinguistik verbindet Erkenntnisse aus der Linguistik, der Psychologie und der Neurobiologie, um die komplexen Mechanismen des Sprachgebrauchs zu untersuchen.

Durchführung:

»Ich habe den Eindruck, dass sie sehr aufgebracht sind!« – Mit diesem kurzen Satz drücke ich Verständnis aus und teile meinem Gesprächspartner mit, dass ich mitbekomme, wie es ihm gerade vermutlich geht. Dies ist für den weiteren Gesprächsverlauf sehr förderlich.

1.4.2 Rhetorische Pausen

Rhetorische Pausen können bei schwierigen Gesprächen die Dynamik und die Beschleunigung reduzieren. Rhetorische Pausen sind nicht mit einer aktiven Gesprächsunterbrechung zu verwechseln. Mit einer kurzen rhetorischen Pause bekommt das Gesagte eine größere Wirkung und man wirkt souveräner.

Durchführung:

Eine Stelle, wo immer eine kurze rhetorische Pause angewendet werden soll, ist der Einstieg in den Notruf, nämlich die sogenannte »Eröffnungsphrase«:
»Feuerwehr und Rettungsdienst Notruf – **[Pause]** – In welcher Stadt ist der Notfall?« (Diese Eröffnungsphrase ist exemplarisch und wird von jedem Leitstellenträger unterschiedlich vorgegeben.)

Viele Menschen rufen im Ernstfall zum ersten Mal in ihrem Leben den Notruf an. Insgesamt ruft jeder Mensch 0,9-mal in seinem Leben die 112 oder eine andere Notrufnummer an. Die meisten rufen nicht aus einem Impuls heraus den Notruf an, sondern legen sich in ihrem Kopf einen Text bereit, den sie der Person an dem anderen Ende der Leitung sagen möchten. Schließlich haben noch viele Menschen »die fünf W« im Kopf, die über viele Jahre in den Erste-Hilfe-Schulungen beigebracht worden sind.

1.4 Gesprächstechniken

Unser Ziel ist, sofort aktiv die Gesprächsführung zu übernehmen. Möchte der Anrufer nach der Identifikation (»Feuerwehr und Rettungsdienst Notruf«) sofort anfangen zu sprechen, wird er von uns nach der kurzen Pause (> 1 Sekunde ist ausreichend!) mit der ersten Frage (»In welcher Stadt ist der Notfall?«) »überrumpelt«. Wir sorgen im Zweifel für Verwirrung, da er mit dieser Frage nicht rechnet. Dies ist der frühestmögliche Zeitpunkt, die Gesprächsführung zu übernehmen.

Fun Fact:
In einem Satz hat das Wort, welches an vierter Stelle gesagt wird, die höchste Aufmerksamkeit! Auch dies ist psycholinguistisch begründet. Deshalb ist bei der Muster-Eröffnungsphrase das Wort »Notruf« an der vierten Stelle (Auhtola 2018).

1.4.3 Die Statuswippe

Weißt Du was Improvisationstheater ist, hast es schonmal live oder im TV gesehen? Bei dem Improvisationstheater gibt es kein Drehbuch, die Schauspieler haben einen »Knopf im Ohr« und bekommen von der Regie Anweisungen, wie sie sich verhalten sollen. In Sekundenschnelle wechseln die Schauspieler ihre Rollen. Die Sendung »Schillerstraße« hast Du vielleicht im TV gesehen. Das Improvisationstheater wurde von dem Kanadier Keith Johnstone in den 1970er-Jahren erfunden. Während der Schauspieler in dem einen Moment noch in dem einen Status (zum Beispiel arroganter Oberarzt) war, muss er im nächsten Moment, aufgrund von Regieanweisungen oder manchmal auch durch Zurufe aus dem Publikum den Status wechseln (zum Beispiel »Stadtstreicher«). Auch im Falle der Leitstellenarbeit muss der Disponent manchmal aus deeskalativen Gründen den Status wechseln. Dieser verhält sich wie eine Wippe, es gibt »oben« und »unten«. Da wir über den Status sprechen, wird es dementsprechend »Hochstatus« und »Tiefstatus« genannt. Aber was genau hat es mit dem Status auf sich?

Mit dem Status wird die Position eines Menschen innerhalb einer Gruppe ausgedrückt. Er wird durch die Wortwahl, die Tonhöhe und die Lautstärke des Sprechers bestimmt. Es ist wichtig zu wissen, dass der Status dynamisch ist und im Gesprächsverlauf wechseln kann. Derjenige im Hochstatus stellt sich über den Gesprächspartner und spricht mit erhöhter Lautstärke »von oben herab«. Personen in Führungspositionen, aber auch Ärzte oder Lehrer sind prädestiniert hierfür. Was natürlich nicht heißen soll, dass alle Menschen in Führungspositionen, alle Ärzte und alle Lehrer ihren Status derart herausstellen. Das ist zum Glück ein seltenes

1 Grundlagen

Phänomen. Derjenige im Tiefstatus kommuniziert unterwürfig und mit leiser und unsicherer Sprache. Als klischeehaftes Beispiel hierfür kann man die Frau nennen, die seit Jahren schon von ihrem Mann tyrannisiert und unterdrückt wird sowie körperliche Gewalt erfährt.

Erkennst Du Parallelen zu der Transaktionsanalyse? Was glaubst Du, welchen Status Leitstellenmitarbeiter eher haben? Es ist naturgemäß so, dass sie aufgrund der Rolle den Hochstatus einnehmen. Nun kommen wir nochmal auf Herrn Prof. Dr. Hase zu sprechen, der seinen Hochstatus förmlich lebt. Wie soll man mit so einem Anrufer umgehen?

Eine Sache ist sehr wichtig: derjenige, welcher eine Einsatzentscheidung trifft, bist Du! Ein Notrufgespräch ist keine komparative Phallometrie (diesen Begriff darfst Du gerne googlen). Es geht nicht darum, wer »mehr Macht« hat, es geht um faktenbasierte Entscheidungen anhand objektiver Kriterien! Bitte lasst die Menschen in ihrem Hochstatus und führt keine Rechthabe-Diskussionen! Es macht keinen Sinn und ist nicht zielführend zu versuchen den Anrufer von seinem Status »runterzuholen«. Abgesehen davon, dass es kaum zu schaffen ist und in einem kommunikativen Fiasko enden wird. Hier kann nur eine deeskalierende Taktik helfen.

Wie verhält man sich eigentlich, wenn ein Arzt für einen Patienten, der an einer offensichtlich notarztpflichtigen Erkrankung leidet, nur einen KTW oder RTW ohne Sonderrechte anfordert, weil der Herzinfarkt »nicht so schlimm ist, und der Patient kreislaufstabil ist«? Es gibt eine Grundregel, die lautet: »Nach oben immer, nach unten nimmer.« Konkret: Wenn ein Arzt einen Notarzt anfordert (auch wenn es für uns völlig abwegig erscheint), bekommt er den Notarzt. Fordert er ein geringwertiges Einsatzmittel an, bekommt er, was der Indikationskatalog vorsieht. Es wird nicht diskutiert.

Merke:
Die Aussage: »Wir schicken Ihnen Hilfe.« – ohne mitzuteilen, WELCHE Hilfe man alarmiert – ist vollkommen ausreichend und erspart Diskussionen.

1.4.4 Killerphrasen

Killerphrasen sind sogenannte »Totschlagargumente«. Es sind pauschale und abwertende Äußerungen. Sie sind eine Form des »konfrontativen Argumentierens«,

1.4 Gesprächstechniken

das den Gesprächspartner herabsetzen, ihn verunsichern, bloßstellen oder mundtot machen soll. Killerphrasen sind sowohl von Seiten der Anrufer als auch von Seiten der Leitstellenmitarbeiter möglich. Killerphrasen werden eingesetzt, wenn soziale Dominanz bei unter Umständen sachlicher Unterlegenheit hervorgekehrt werden soll.

Man kann sich vorstellen, dass sie – besonders bei sensiblen Menschen – eine extrem nachhaltige Wirkung entfalten. Es sollte klar sein, dass Leitstellenmitarbeiter auf Killerphrasen verzichten sollten! Leider ist es so, dass einige Redewendungen, welche man sich im Laufe seiner Leitstellenzeit angeeignet hat und gerne einsetzt, den Status einer Killerphrase haben.

Es gibt zwei Typen von Killerphrasen: **Autoritäts**-Killerphrasen und **Besserwisser**-Killerphrasen.

> **Einige Beispiele:**
> - »Fragen Sie nicht so viel – schicken Sie …!«
> - »Ist doch nicht so schlimm …«
> - »Was glauben Sie, wie oft wir das schon gehört haben …?«
> - »Wer hat Ihnen das denn erzählt …?«
> - »Jetzt hören Sie mal zu …!«
> - »Beruhigen Sie sich …«
> - »Was hier wichtig ist, bestimme immer noch ich … «
> - »Sie brauchen keine Angst zu haben …«

Und, hast Du Phrasen erkannt, die Du nutzt? Gut gemeint ist leider nicht immer gut gemacht. Gerade die Phrasen »Beruhigen Sie sich …« oder »Sie brauchen keine Angst zu haben …« werden sehr gerne genutzt! Leider erreicht man damit höchstens das Gegenteil der erwünschten Reaktion. Sag mal einer Mutter, deren dreijähriges Mädchen gestürzt ist und nun eine stark blutende Kopfplatzwunde hat, dass sie keine Angst zu haben braucht. Im Zweifel ist es das Schlimmste, was sie jemals im Leben gesehen hat, sie macht sich ernsthafte Sorgen um die Gesundheit ihres Kindes. Sie hat Angst und ist vollkommen zurecht aufgeregt. Objektive Maßstäbe spielen hier keine Rolle mehr, auch wenn wir ganz genau wissen, dass das Kind nicht daran sterben wird und Kopfplatzwunden nun mal stark bluten.

Kennst Du das Experiment mit der Flasche Cola und dem Mentos? Weißt Du was passiert, wenn sich das Mentos in der Flasche auflöst? Der Inhalt spritzt heraus. Wenn Du die Begriffe »Flasche Cola« und »Mentos« bei Google eingibst, bekommst Du jede Menge Videos, in denen der Effekt zu sehen ist. Stell Dir vor, der Mensch, mit dem Du kommunizierst, ist die Flasche Cola, dann ist die Killerphrase das Mentos. Aber wie reagiert man auf anruferseitige Killerphrasen? Am besten ist, wenn Du ruhig bleibst und in keinem Fall emotional reagierst. Bei zeitunkritischen Meldungen kannst Du mit einer bezugnehmenden Gegenfrage entgegnen. Allerdings mit der Gefahr, dass das Gespräch eskaliert.

> **Beispiel:**
> Anrufer: »Fragen Sie nicht so viel – schicken Sie lieber jemanden!«
> Calltaker: »Was genau habe ich Ihrer Meinung nach zu viel gefragt?«

Mit Beschimpfungen ist es ähnlich. Ich erwähnte bereits, dass es sich im Notruf-Kontext um institutionelle Kommunikation handelt. Das bedeutet: Du sprichst nicht als Individuum, sondern als Teil einer Behörde für die Behörde. Die Beschimpfungen gelten nicht Dir persönlich, sondern sind gegen die Behörde gerichtet. Das muss man im Hinterkopf haben. Auch wenn es schwerfällt und unter Umständen das eigene Ego angekratzt wird, empfiehlt es sich auch hier in keinem Fall emotional zu reagieren, sondern zu versuchen, den Anrufer auf die Sachebene zurückzuholen.

Um dieses Kapitel abzuschließen, möchte ich Dir noch das »Kommunikations-Dilemma« vorstellen, welches aus dem Sender-Empfänger-Modell nach Shannon/Weaver kommt. Ich bin mir sicher, dass Du es schonmal gesehen hast:

- **Gedacht** heißt nicht immer **gesagt**.
- **Gesagt** heißt nicht immer **gehört**.
- **Gehört** heißt nicht immer **verstanden**.
- **Verstanden** heißt nicht immer **einverstanden**.
- **Einverstanden** heißt nicht immer **angewendet**.
- **Angewendet** heißt nicht immer **beibehalten**.

1.4.5 Apologetische Gesprächstechnik/»Magic sentences – Magische Sätze«

»To apologize« kommt aus dem Englischen und bedeutet auf Deutsch »sich entschuldigen, sich verteidigen«. Vielleicht hört sich diese Technik für Dich kompliziert an, sie ist es aber natürlich nicht! Es geht im Kern um nur zwei Worte! Und zwar um die Worte »wir« und »unser«. Mit dieser Technik versuche ich Gemeinsamkeiten zu

1.4 Gesprächstechniken

vermitteln. Mit der Benutzung dieser Aussagen gehe ich zu 100 % in die Beziehungsebene. Das nennt man »uneingeschränkte Zugewandtheit«.

> **Beispiele:**
> - »Wir wollen Ihrem Mann helfen, deshalb müssen Sie mir jetzt gut zuhören! Ich bin für Sie da!«
> - »Wir machen das jetzt gemeinsam, ich lasse Sie nicht allein!«
> - »Unser Ziel ist es, ihrem Mann schnellstmöglich die richtige Hilfe zukommen zu lassen, deshalb müssen Sie mir noch einige Fragen beantworten!«

Ihr werdet mitbekommen, welch magische Wirkung diese einfachen, kleinen Sätze auf Notrufende entfalten. Gerade die Aussagen »Ich bin für Sie da!« und »Ich lasse Sie nicht allen!« besitzen ein unglaubliches Potenzial.

1.4.6 »Schallplatten-Technik«

Bei dieser Gesprächstechnik steht der Nachname des Anrufers im Mittelpunkt. Er fungiert als persönliches Erkennungsmerkmal der jeweiligen Person und wird im Notrufgespräch immer mit einer »wiederholenden Beharrlichkeit« genannt, um die Aufmerksamkeit des Anrufers wieder zu erlangen (▶ Kapitel 4.2).

1.4.7 »STOPP-Technik«

Es gibt Notrufe, in denen der Anrufende schon bei der Entgegennahme des Notrufes emotional so stark beeinträchtigt ist, dass er so gut wie gar nicht führbar ist. Eine Informationsgewinnung ist kaum möglich, da er kaum in der Lage ist, zuzuhören oder unsere Fragen ordnungsgemäß zu beantworten. Warum das so ist, warum es sich um ein »biologisches Programm« handelt und die Menschen in diesen Fällen gar nicht anders re-/agieren können, erfährst Du in ▶ Kapitel 2.4. In diesen Fällen ist es so gut wie gar nicht möglich, den Namen des Notrufenden zu erfragen. Hier hilft die »Stopp-Technik« (▶ Kapitel 4.2).

2 Psychologische Phänomene und bio-psycho-soziale Grundlagen

Ist Dir der »Dunning-Kruger-Effekt« bekannt? Vielleicht hast Du diesen Begriff noch nicht gehört, aber ich bin mir sicher, Dir ist bekannt, um was es bei diesem Effekt geht. Der Dunning-Kruger-Effekt beschreibt einen Teufelskreis: Inkompetente Menschen überschätzen ihr eigenes Wissen, erkennen aber dabei nicht das Ausmaß ihrer Inkompetenz, weshalb sie ihre Kompetenz nicht steigern und die überlegenen Fähigkeiten von anderen unterschätzen. Eine Grafik macht dies deutlich:

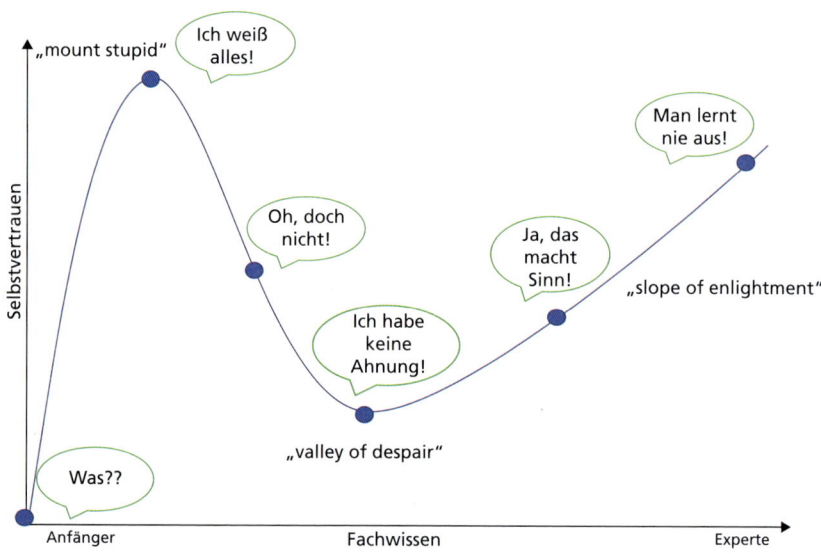

Bild 6: *Dunning-Kruger-Effekt*

Im Lernprozess durchlaufen wir im Optimalfall alle Phasen, vom »Mount stupid« über das »Valley of despair« mit dem Ziel des »Slope of enlightenment«. Ich möchte eindringlich vor dem »Mount stupid« warnen, dieser Punkt ist sehr gefährlich. Hohes Selbstvertrauen in Kombination mit recht wenig Fachwissen. Du hast sicherlich Bilder von Menschen im Kopf, die auf dem »Mount stupid« verharren und es nicht mitbekommen, weil sie beratungsresistent sind. Denkt an mein Leitstellen-Beispiel bei der Erklärung der Transaktionsanalyse zurück. Der junge Kollege steht auf der

Spitze des »Mount stupid«. Bitte versucht, nur sehr kurz dort zu verharren, nehmt Tipps von erfahrenen und kompetenten Kollegen an, vergesst niemals in den Spiegel zu schauen und zu reflektieren: »Ist das, was ich hier mache, zielführend und richtig?« Eine gewisse Selbstkritik hat noch niemandem geschadet, hol Dir proaktiv ein Feedback.

Der Mensch hält sich grundsätzlich für die Krone der Schöpfung. Aber ist das wirklich so? Was glaubst Du? Sicherlich ist der Mensch das sozialste aller Lebewesen, unser Gehirn ist hochgetunt. Aber leider auch störungs-/manipulationsanfällig und nicht ausgereift. Die Evolution hat uns weit gebracht, aber auch viele Baustellen hinterlassen, wie zum Beispiel den Blinddarm oder den »blinden Fleck« unserer Augen. Bei Affen haben sich im Laufe der Evolution 233 Gene perfektioniert, bei den Menschen haben sich lediglich 154 Gene perfektioniert! Unsere Augen sind das am besten entwickelte Sinnesorgan, ca. 83 % der im Gehirn gespeicherten Informationen liefern die Augen. Im Sehzentrum kommen aber nur noch 10 % der Nervenfasern unserer Augen an! So muss das Gehirn visuelle Repräsentationen des Gesehenen aus relativ schwachen Signalen erschaffen.

2.1 Sinneswahrnehmungen

Warum funktionieren optische Täuschungen und Co.?

Wir sehen ein Bild, das nicht mit der objektiv überprüfbaren Realität übereinstimmt. Das Gehirn greift bei der Interpretation des Wahrgenommenen auf unsere ureigenen Erfahrungswerte zurück. Aus unseren Erfahrungen und Erinnerungen werden aktuelle, sinnhafte Eindrücke »konstruiert«. Unser Gehirn meint es gut, es ist immer bemüht, allem, was wir sehen, eine möglichst sinnvolle Bedeutung zuzuschreiben. Das führt dazu, dass es im Zweifel bei einer optischen Täuschung ab und zu etwas »kreiert«, dass so vom Auge gar nicht gesehen wird. Das Gehirn wertet die Informationen dann weiter aus und errechnet die erwartete Veränderung für die Zukunft.

Achtung:
Wusstest Du, dass das das Gehirn unnötige Informationen automatisch ignoriert? Genau wie das zweite »das« im vorhergehenden Satz. Verrückt, oder?

2   Psychologische Phänomene und bio-psycho-soziale Grundlagen

In der Leitstellenarbeit haben wir von der wunderbaren Funktionsweise unserer Augen bei der Kommunikation mit den Notrufenden nichts. Von allen fünf Sinnen, welche uns Menschen grundsätzlich zur Verfügung stehen, können wir im Notrufdialog nur einen nutzen: den Hör-Sinn.

Wenn man sich die Grafik anschaut, wird recht schnell klar, dass uns bei unserer Tätigkeit lediglich 11 % der kompletten Sinneswahrnehmungen zur Verfügung stehen. Das ist nicht viel.

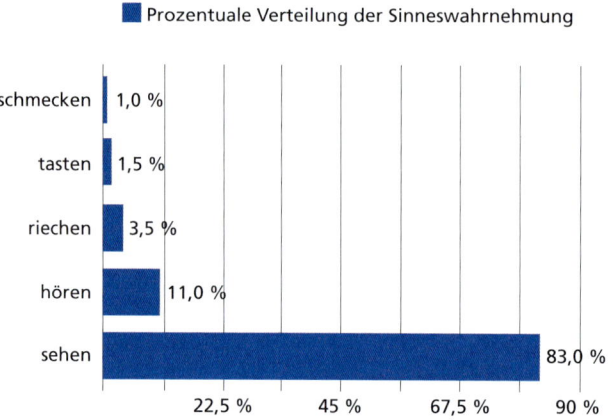

Bild 7: *Prozentuale Verteilung der Sinneswahrnehmung*

In jedem Gehirn sind andere Erfahrungen, Erinnerungen und Bewertungen gespeichert. Jeder Mensch hat eine andere Geschichte. Dementsprechend bilden zwei Menschen niemals die gleichen Assoziationen und Assoziationsketten, dies ist ein unbewusster Prozess. Was ist Deine erste Assoziation, wenn ich Dir den Begriff »Leder« nenne? Und die zweite Assoziation, und die dritte? Frage mal einen Freund oder Kollegen, welche Assoziation bzw. Assoziationskette er zu dem Begriff hat.

Unsere bewussten Erinnerungen, auch »Lebenskopie« genannt, sind immer nur fragmenthaft zugänglich. Dafür sorgt der Selektionsmechanismus unseres Gehirns. Stell Dir vor, Du würdest Dich an jedes noch so kleine Detail erinnern können. Dieser Selektionsmechanismus unterdrückt leider alles, was nicht in das Gesamtbild passt, mit der Folge, dass Ausschnitte falsch wiedergegeben werden. Denn das, was wir glauben wollen, wird verstärkt! Fragt mal einen Polizisten, welche Zeugenaussagen er nach einem Banküberfall bekommt, wenn er nach der Farbe der Jacke des Räubers fragt. Die Zeugen nennen nicht mit Absicht unterschiedliche Farben.

2.1 Sinneswahrnehmungen

Wir sprechen über einen sogenannten »subjektiven Bewertungsraum«. Nun kommt der springende Punkt: im Subjektiven kann es kein »richtig« geben. Um dies zu verdeutlichen, frage ich Dich: Wie viele Beine hat der Dinosaurier auf dem Bild?

Bild 8: *Dino (Quelle: Martin Mißfeldt)*

Egal, was Deine Antwort ist, die Antwort ist richtig! Das Bild ist so gezeichnet, dass man objektiv überhaupt nicht sagen kann, wie viele Beine der Dinosaurier tatsächlich hat! Orientierst Du Dich an den sichtbaren Füßen? Dann wäre Deine Antwort »fünf«. Orientierst Du Dich an den Beinen? Dann wäre Deine Antwort »sieben«. Aber logisch ist das alles nicht – sollte er in der Realität nicht nur vier Beine haben? Subjektiver Bewertungsraum!

2 Psychologische Phänomene und bio-psycho-soziale Grundlagen

Und was ist denn hier los?

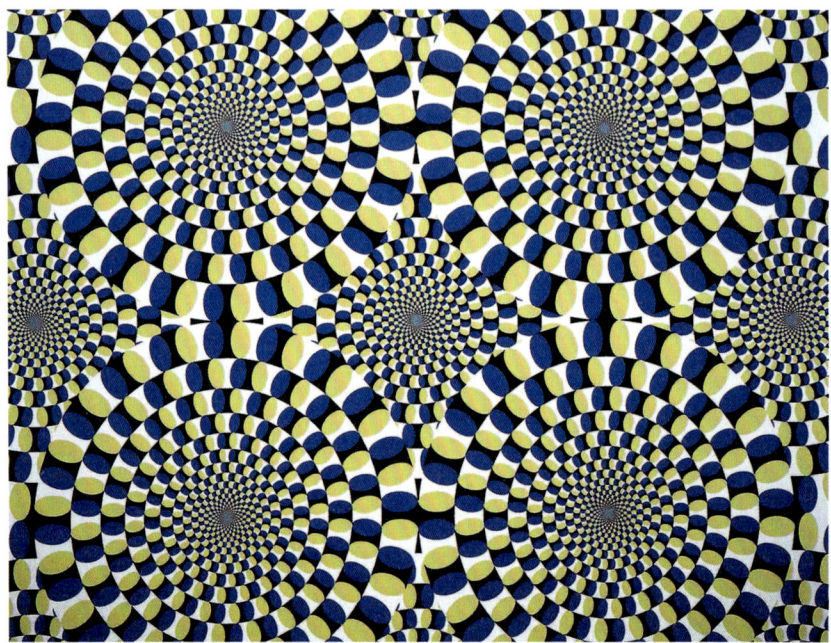

Bild 9: *Drehende Kreise (Quelle: Pixabay)*

Das ist ein Bild. Da kann sich nichts drehen. Danke, Gehirn!

Dass unser Gehirn eigentlich doch ganz gut funktioniert, beweist folgender Text, den Du bitte laut vorliest:

D13 A8B31T 1N D38 L317S73LL3 E8F08D387 31N3 G3N4U3 W08TW4HL, Zi3LG381C4T3T3 K0MMUNiK4T10N U6D B3S0ND383 AC4TS4MK3i7.

Ist das nicht ein Wahnsinn? Eine bunte Mischung aus Buchstaben und Zahlen, doch unser Gehirn ist in der Lage, diesem Text eine sinnvolle Bedeutung zukommen zu lassen. Das liegt daran, dass man nicht Buchstabe für Buchstabe liest, sondern ganze Wörter.

2.2 Psychologische Phänomene

Bevor wir mit den neurobiologischen Grundlagen starten, möchte ich Dir noch einige psychologische Effekte erläutern, welche in der Leitstellenarbeit von Relevanz sind.

2.2.1 Übersetzungsfehler

Übersetzungsfehler werden auch »eingeschränkte Situationswahrnehmung« genannt. Unsere Gehirne schaffen eine geistige Repräsentanz aus dem Erlebten. Dieses erschaffene Bild muss nicht richtig sein. Ein Beispiel aus der Leitstellenwelt zur Erläuterung:

> **Beispiel:**
> »Feuerwehr und Rettungsdienst Notruf – In welcher Stadt ist der Notfall?«
> »Hagebuttenweg 23 in Künzelsau, kommen Sie ganz schnell, mein Kind ist hier runter gestürzt, er blutet am Kopf, ich komme nicht an ihn ran…«
> **[Das Gespräch bricht ab, ein Rückruf ist nicht möglich!]**
> Und? Was würdest Du alarmieren? Welches Bild hast Du zu diesem kurzen Notruf im Kopf? Die meisten meiner Lehrgangsteilnehmer würden RTW, NEF und die Feuerwehr alarmieren. Sie haben das Bild im Kopf, dass ein Kind von einem Dach oder ähnlich gestürzt ist und auf einem Vordach oder irgendwo in der Tiefe liegt und nicht frei zugänglich ist.
> Auflösung: Die Anruferin sitzt im Rollstuhl und wohnt mit ihrem 45-jährigen Sohn in einem Einfamilienhaus in Split-Level-Bauweise. Das bedeutet, dass es innerhalb einer Etage zwei Ebenen gibt, die durch Stufen miteinander verbunden sind. Ihr Sohn ist die Stufe heruntergestolpert und auf den Kopf gefallen, erleidet eine Kopfplatzwunde. Sie kommt nicht an ihn ran, weil sie mit dem Rollstuhl nicht die Stufe herunterkommt.
> Der Leitstellenmitarbeiter hatte keine Chance. Man kann nur durch konkretisierende Fragen der Entstehung falscher Bilder im Kopf entgegenwirken. Sobald im Kopf ein Anfangsbild entsteht, muss durch gezieltes Nachfragen dem Gespräch eine differenzierte Richtung verliehen werden!

Wo kommen die Bilder im Kopf her? Und warum sind die Bilder schon präsent, wenn wir noch keinen klaren Gedanken gefasst haben? Die Erklärung hierfür ist recht simpel: Unsere beiden Hirnhälften, auch Hemisphären genannt, haben unterschiedliche Aufgaben. Während die linke Hemisphäre das sogenannte »Sach-Hirn« ist, ist die rechte Hemisphäre das sogenannte »Fühl-Hirn«. Die Bilder entstehen in der rechten Hemisphäre. Jetzt kommt der Clou: die rechte Hirnhälfte arbeitet deutlich schneller als die linke Hemisphäre. Dieser Prozess funktioniert unglaublich schnell und unbewusst und lässt sich nicht unterdrücken. Ob wir wollen oder nicht, diese Bilder sind immer präsent. Hinzu kommt, dass sich unser Gehirn ständig im »Autovervollständigen-Modus« befindet.

2.2.2 Selektive Wahrnehmung

Selektive Wahrnehmung bezieht sich darauf, wie die Informationen ausgewählt und interpretiert werden, die Dir zur Verfügung stehen. Sie beschreibt die Tendenz, bestimmte Informationen bevorzugt oder vernachlässigt wahrzunehmen, abhängig von den eigenen Überzeugungen und Vorurteilen.

> **Beispiel:**
> Eine Mutter ruft den Notruf an und berichtet von einem sehr schweren Unfall ihres Kindes. Du hörst im Hintergrund ein Kind laut schreien und denkst: »Gut, Kind ist wach, kann ja nicht so dramatisch sein!« So ist es aber nicht. Im Hintergrund schreit das Geschwisterkind, welches den Unfall mit ansehen musste.

2.2.3 Fixierungsfehler

Dieses Phänomen bezieht sich auf eine Situation, in der man auf eine bestimmte Lösung oder Vorgehensweise fixiert ist und dadurch andere wichtige Informationen übersieht oder ignoriert.

> **Beispiel:**
> Du nimmst einen Notruf an, in welchem Dir berichtet wird, dass einem Bauarbeiter ein Armier-Eisen im Brustkorb steckt. Von dieser Meldung bist Du sehr beeindruckt und ein wenig überrumpelt, hast an diesem Tag bis zu diesem Notruf nur »Bagatell-Notrufe« bearbeitet. Du möchtest schnellstmöglich Hilfe zur Einsatzstelle schicken und vergisst zu fragen, wie es dazu gekommen ist. Der Grund für den Unfall war eine schlechte Ladungssicherung eines Baukrans. Der Bauarbeiter liegt auf dem nur sehr schwer zugänglichen Dach eines zehn-geschossigen Neubaus. Es drohen weitere Armier-Eisen herabzustürzen. Du alarmierst lediglich einen RTW und ein NEF. Fixierungsfehler nennt man übrigens auch »Tunnelblick«!

2.2 Psychologische Phänomene

Die Phänomene »Übersetzungsfehler«, »Selektive Wahrnehmung« und »Fixierungsfehler« nennt man auch »kognitive Verzerrungen« oder »Gedanken-Modell-Fehler«, die unterschiedliche Ursachen und Auswirkungen haben und dazu führen können, dass falsche Entscheidungen getroffen werden. Man hat ein Modell für eine Situation und ist scheinbar damit zufrieden. Ein Viertel der Leistung Deines Gehirns ist jede Sekunde damit beschäftigt, das Wahrgenommene zu filtern und sucht dabei immer nach bekannten Mustern, da Dein Gehirn sehr ökonomisch ist und möglichst wenig Energie verbrauchen möchte. So kommt es, dass jeder Mensch seine eigene Wahrheit hat und lediglich die »tendenziöse« Wahrnehmung über die Qualität unserer Entscheidungen und Handlungen entscheidet. Wir sehen (und hören) nur das, was für uns wichtig erscheint und übersehen oder ignorieren Anderes. Man kann die Effekte nicht verhindern, es gilt achtsam zu sein und sich der Effekte bewusst zu sein! Achtsamkeit ist das Zauberwort.

2.2.4 Overconfidence Bias

Der Overconfidence Bias, auch als Überzuversichts-Bias bekannt, ist eine kognitive Verzerrung, bei der Menschen ihre Fähigkeiten, Wissen oder Prognosen überschätzen. Es handelt sich um eine Neigung zu glauben, dass man besser informiert, kompetenter oder präziser sei, als man tatsächlich ist. Dies kann dazu führen, dass Menschen zu viel Vertrauen in ihre eigenen Fähigkeiten und Urteile haben, was wiederum ihre Entscheidungsfindung und ihr Verhalten beeinflusst.

Der Overconfidence Bias kann in verschiedenen Situationen auftreten, sei es in Bezug auf persönliche Fähigkeiten, die Einschätzung von Risiken oder die Vorhersage zukünftiger Ereignisse. Menschen können dazu neigen, ihre Erfolgschancen zu überschätzen und mögliche Misserfolge zu unterschätzen. Dies kann zu unzureichend durchdachten Entscheidungen führen, da sie nicht ausreichend in Betracht ziehen, dass ihre Annahmen oder Vorhersagen fehlerhaft sein könnten.

Eine mögliche Ursache für den Overconfidence Bias ist der Mangel an objektivem Feedback. Wenn Menschen nicht genügend Rückmeldung über ihre Leistung oder ihre Prognosen erhalten, haben sie tendenziell mehr Freiraum für subjektive Interpretationen, die oft von einem übermäßigen Selbstvertrauen begleitet werden.

In vielen Fällen kann der Overconfidence Bias zu Fehlentscheidungen führen, da Menschen nicht die notwendige Vorsicht walten lassen oder die Risiken angemessen bewerten. Um diesem Bias entgegenzuwirken, ist es wichtig, sich der eigenen Tendenzen zur Überzuversicht bewusst zu sein. Offene Kommunikation, kritische

2 Psychologische Phänomene und bio-psycho-soziale Grundlagen

Selbstreflexion und die Einbeziehung anderer Meinungen können helfen, realistischere Einschätzungen zu entwickeln und fundierte Entscheidungen zu treffen.

> **Beispiel:**
> Ein sehr erfahrener Kollege leitet eine Telefon-Reanimation an. Weil er schon über 100-mal eine Reanimation angeleitet hat, ist er der festen Überzeugung, er müsse den vorgegebenen T-CPR-Algorithmus nicht nutzen. Einfach nur etwas abzulesen, hält er für unsinnig. Bei der freien Anleitung vergisst er allerdings wichtige Instruktionen oder leitet Instruktionen schlichtweg falsch an.

2.2.5 Negativitäts Bias

Das Phänomen, dass das Gehirn oft die Worte »nicht« und »kein« überhört oder ignoriert, wird als »Negativitäts Bias« bezeichnet. Es beruht auf der Art und Weise, wie unser Gehirn Informationen auf Basis evolutionärer Gründe verarbeitet.

Unser Gehirn verarbeitet Informationen aufgrund von Mustern und Assoziationen. Es versucht, Informationen schnell zu verarbeiten und Bedeutung aus ihnen abzuleiten. Negative Aussagen erfordern jedoch eine zusätzliche mentale Verarbeitung, da unser Gehirn zunächst das Verneinungswort verarbeiten und dann die eigentliche Bedeutung der Aussage erfassen muss. Dieser zusätzliche Schritt kann in schnellen oder stressigen Situationen leicht übersehen werden.

Evolutionär betrachtet war es möglicherweise vorteilhaft, auf potenzielle Bedrohungen zu reagieren, anstatt sich auf das Nichtvorhandensein einer Bedrohung zu konzentrieren. In der Vergangenheit war die Fähigkeit, Gefahren schnell wahrzunehmen, überlebenswichtig. Daher könnte das Gehirn dazu neigen, auf positive Informationen (etwas, das getan werden sollte) stärker zu reagieren als auf negative Informationen (etwas, das nicht getan werden sollte).

Dieser Bias kann zu unter Umständen fatalen und dramatischen Missverständnissen führen, wenn wichtige Anweisungen oder Informationen nicht richtig erfasst werden. Es ist wichtig, sich dessen bewusst zu sein und in der Kommunikation besonders deutlich und präzise zu sein, um Missverständnisse zu minimieren. Genau aus diesem Grund soll man mitteilen, was getan werden muss, und nicht, was unterlassen werden soll. Deshalb verzichte auf Worte wie »nicht« und »kein«!

> **Beispiel 1 (Wohnungsbrand):**
> Die Person, die den Notruf wählt, hält sich in der brennenden Wohnung auf. Sie steht am geöffneten Fenster. Was wir auf jeden Fall vermeiden möchten, ist, dass

2.2 Psychologische Phänomene

> die Person aus dem Fenster springt. Falsch: »Springen Sie nicht aus dem Fenster!« Richtig: »Bleiben Sie am Fenster stehen und machen Sie durch Winken und Rufen auf sich aufmerksam! Meine Kollegen retten Sie!«
>
> Beispiel 2 (Gasgeruch im Gebäude):
> Was wir unbedingt vermeiden möchten, ist, dass die notrufende Person bei der Flucht aus dem Gebäude einen Lichtschalter betätigt. Falsch: »Machen Sie bei dem Verlassen des Gebäudes im Treppenraum kein Licht an!« Richtig: »Lassen Sie bei dem Verlassen des Gebäudes das Licht im Treppenraum aus!«

2.2.6 Aufmerksamkeitsblindheit

Hierbei handelt es sich um ein Phänomen, bei dem wir uns so stark auf eine bestimmte Aufgabe oder einen bestimmten Reiz konzentrieren, dass wir andere wichtige Informationen oder Ereignisse in unserer Umgebung nicht wahrnehmen.

> **Beispiel:**
> Stell Dir vor, Du bearbeitest einen Notruf, dessen Inhalt ein Fenstersturz eines Kleinkindes ist. Du bist so sehr auf den Notrufdialog fixiert, dass Du gar nicht mitbekommst, wie Deine Kollegen, die neben Dir sitzen, versuchen Dir mitzuteilen, dass es bereits mehrere Notrufe zu diesem Ereignis gegeben hat und bereits Kräfte zu der Einsatzstelle alarmiert worden sind.

2.2.7 Primacy-Recency-Effekt

Kannst Du Dich daran erinnern, dass ich geschrieben habe, man soll immer nur eine Frage stellen, und sich diese beantworten lassen, bevor man die nächste Frage stellt?

Der **Primacy-Effekt** (Primär-Effekt) beschreibt die Tendenz, sich an die ersten Elemente einer Liste besser zu erinnern. Dies liegt daran, dass die ersten Elemente mehr Aufmerksamkeit erhalten und somit besser im Gedächtnis verankert werden.

Der **Recency-Effekt** (Reszenz-Effekt) beschreibt die Tendenz, sich an die letzten Elemente einer Liste besser zu erinnern. Dies liegt daran, dass die letzten Elemente noch im Kurzzeitgedächtnis gespeichert sind und daher leichter abgerufen werden können.

> **Merke:**
> Der Primacy-Recency-Effekt hat Auswirkungen auf die Art und Weise, wie Menschen Informationen aufnehmen und behalten.

Was denkst Du über die Frage: »Reagiert die Person auf Ansprechen oder Schütteln oder bewegt sie sich?« Was glaubst Du, welcher Teil der Frage beantwortet wird? Alle drei? In diesem Beispiel sind drei Fragen in einer Frage verpackt! Alternativ-Fragen, also zum Beispiel »Reagiert die Person auf Ansprechen oder Schütteln?« sind legitim, aber keine »Dreier-Kombi«! Kettenfragen sind unbedingt zu vermeiden! Der Grund hierfür ist der oben genannte Effekt. Der Primacy-Recency-Effekt ist ein psychologisches Phänomen, bei dem Menschen tendenziell dazu neigen, sich an die ersten und letzten Elemente einer Liste oder einer Reihe von Informationen besser zu erinnern als an diejenigen in der Mitte.

2.2.8 Stereotypes Denken

Die Mutter aller stereotyper Denkmuster: »Frauen können nicht einparken!« Dieses Beispiel passt natürlich nicht in ein Leitstellen-Setting. Aber dafür folgendes, in welchem ich mich leider outen muss: Immer, wenn ich von einem Menschen mit asiatischer Herkunft einen Notruf annehme, fallen bei mir alle Klappen und ich denke »Och ne, nicht schon wieder... Da lassen die wieder denjenigen anrufen, der die wenigste Ahnung hat und am schlechtesten Deutsch spricht...«. Was für ein gemeines und ungerechtes Vorurteil. Wer sagt mir denn, dass der Anrufer nicht ein Chefarzt in einer Klinik oder ein hochintelligenter Wissenschaftler ist? Woher mein stereotypes Denkmuster kommt, kann ich mir nicht erklären. Aber mir ist es bewusst und deshalb kann ich entgegensteuern!

Aber was genau ist stereotypes Denken? Stereotypes Denken bezieht sich auf die Tendenz, bestimmte Gruppen aufgrund von Vorurteilen oder Klischees zu beurteilen oder zu kategorisieren. Stereotypes Denken kann dazu führen, dass Menschen bestimmte Gruppen aufgrund von Eigenschaften wie Alter, Geschlecht, ethnischer Zugehörigkeit, sexueller Orientierung oder anderen Merkmalen diskriminieren oder benachteiligen. Stereotypes Denken kann auf verschiedene Arten auftreten. Es kann beispielsweise dazu führen, dass Menschen bestimmte Gruppen als weniger intelligent, fähig oder vertrauenswürdig einstufen, auch wenn es keine tatsächlichen Beweise dafür gibt.

2.2 Psychologische Phänomene

Ich bin der festen Überzeugung, dass Du auch über solche Denkmuster verfügst. Kennst Du sie?

2.2.9 Halo-Effekt

Stell Dir vor, Du bekommst von der Polizei-Leitstelle oder einer Notfallambulanz einen Anruf. Am Telefon ist ein Mensch mit einer sehr, sehr netten Stimme. Hast Du ein Bild dazu im Kopf? Was glaubst (oder hoffst) Du, wie dieser Mensch mit der wunderschönen Stimme aussieht? Das echte Leben lehrt uns, dass dieser Mensch vermutlich nicht im Ansatz so aussieht, wie Du es Dir im Kopf ausmalst.

Der Grund, warum das passiert, nennt sich Halo-Effekt, auch Heiligenschein-Effekt genannt. Der Halo-Effekt ist ein psychologisches Phänomen, bei dem die Einschätzung einer Eigenschaft oder eines Merkmals einer Person durch die Einschätzung anderer Eigenschaften oder Merkmale beeinflusst wird.

> **Beispiel:**
> Jemand, der als attraktiv beurteilt wird, könnte auch automatisch als intelligent, sympathisch oder erfolgreich angesehen werden. Eine tiefe und raue Stimme wird am ehesten mit einem Mann in Verbindung gebracht.

Ist es Dir schonmal passiert, dass Du einen Anrufer mit »Herr Xyz« angesprochen hast (wir sollen ja schließlich die Anrufer mit ihren Nachnamen ansprechen) und Dir entrüstet entgegnet wurde: »Ich bin nicht Herr Xyz, ich bin Frau Xyz!« Peinlich, kommt aber immer wieder vor. Wenn ich mir bei dem Geschlecht des Anrufers nicht sicher bin, lasse ich mir den Vornamen nennen. So kann man sich Fettnäpfchen ersparen...

2.2.10 Die »Millersche Zahl«

Der Begriff Millersche Zahl bezieht sich auf die maximale Anzahl von Elementen, die sich ein Mensch auf einmal merken kann. Bevor Du weiterliest: halte kurz inne und überlege, wie hoch diese Zahl sein könnte...

Die Millersche Zahl wird oft als 7 +/− 2 angegeben, was bedeutet, dass ein Mensch in der Lage ist, sich etwa sieben Elemente auf einmal zu merken, plus oder minus zwei. Es ist wichtig zu beachten, dass die Millersche Zahl lediglich als Richtwert betrachtet werden sollte und dass die tatsächliche Kapazität des Kurzzeitgedächtnisses von Person zu Person variieren kann. Einige Menschen können möglicherweise mehr Elemente auf einmal merken, während andere weniger merken können. Warum bekommt die Millersche Zahl in diesem Buch einen eigenen Absatz? Warum ist es meiner Meinung nach wichtig, diese zu kennen?

Es geht um Belastungen in der Leitstellenarbeit. Im Rahmen einer Gefährdungsbeurteilung ist untersucht worden, wie viele visuelle und auditive Informationen pro Minute auf die Mitarbeiter in Leitstellen einwirken. Das Ergebnis war, dass das Personal in der Leitstelle durchschnittlich 17,2 visuellen und auditiven Informationen pro Minute ausgesetzt ist (Herbig und Müller 2016). Vergleicht man diese Zahl mit der Millerschen Zahl, wird sehr schnell deutlich, dass diese große Anzahl an Informationseinheiten pro Zeiteinheit unser Arbeits-/Kurzzeitgedächtnis maximal fordern. Die Folge ist Stress. Ohne, dass wir etwas davon mitbekommen. Auch wenn wir nur an unserem Einsatzleitplatz sitzen und (abgesehen von atmen) gar nichts tun, haben unsere Gehirne Stress. Die Folgen sind gravierend: im Vergleich zu Personal aus dem operativen Einsatzdienst haben wir ein signifikant höheres Risiko für psychische oder Herz-Kreislauf-Erkrankungen. Mitarbeiter von Leitstellen haben im Dienst eine schnellere Herzfrequenz, einen höheren Blutdruck und eine niedrigere Herzratenvariabilität. Hinzu kommt, dass Stresshormone durch körperliche Aktivität abgebaut werden. Auch hierzu haben wir keine Möglichkeit. Notruf. Alarmieren. Notruf. Alarmieren. Notruf. Alarmieren.

2.3 Die Gesetzmäßigkeiten menschlichen Denkens und Handelns in Stress-Situationen

Der menschliche Organismus besitzt keine objektiven Kriterien zur Beurteilung einer Gefahr. Der Mensch bewertet auf Grund von eigenen Erfahrungen, was bereits ausführlich thematisiert wurde. Der springende Punkt ist, dass ausschließlich die subjektive Bewertung für die Stärke und das Ausmaß der Stressreaktion entscheidend ist. Was Mensch A nahezu keinen Stress macht, kann bei Mensch B dazu führen, dass er vollkommen eskaliert.

2.3 Denken und Handeln in Stresssituationen

2.3.1 Die Bedürfnispyramide nach Maslow

Die Bedürfnispyramide nach Maslow ist ein Konzept in der Psychologie, das von Abraham Maslow in den 1950er-Jahren entwickelt wurde. Sie beschreibt die verschiedenen Bedürfnisse, die Menschen haben und in welcher Reihenfolge diese Bedürfnisse in der Regel befriedigt werden müssen.

Bild 10: *Bedürfnispyramide*

Die Bedürfnispyramide besteht aus fünf Ebenen:
1. Das physiologische Bedürfnis: Dies bezieht sich auf die Grundbedürfnisse des Menschen, wie Nahrung, Wasser, Schlaf und Schutz vor Schmerzen.
2. Das Bedürfnis nach Selbstwertgefühl und Anerkennung (Individualbedürfnis): Dies bezieht sich auf das Bedürfnis nach Anerkennung und Bestätigung von anderen, um das eigene Selbstwertgefühl zu stärken.
3. Das Bedürfnis nach sozialer Verbundenheit und Liebe: Dies bezieht sich auf das Bedürfnis nach sozialer Interaktion und Zugehörigkeit zu einer Gruppe.

4. **Das Sicherheitsbedürfnis:** Dies bezieht sich auf das Bedürfnis nach Sicherheit und Schutz. Das heißt, das Bedürfnis nach einem Gefühl von Stabilität, Orientierung und Geborgenheit.
5. **Das Selbstverwirklichungsbedürfnis:** Dies bezieht sich auf das Bedürfnis, die eigenen Fähigkeiten und Talente voll auszuschöpfen und das eigene Potenzial zu entfalten.

Maslow betonte, dass diese Bedürfnisse nicht unabhängig voneinander sind, sondern dass sie in einer bestimmten Reihenfolge befriedigt werden müssen. So müssen beispielsweise die physiologischen Bedürfnisse zuerst befriedigt werden, bevor man sich um die Bedürfnisse auf der nächsten Ebene kümmern kann. Um in der Pyramide eine höhere Ebene zu erreichen, reicht laut neuesten Erkenntnissen ein Befriedigungsgrad von ca. 80 %.

Innerhalb der Bedürfnispyramide gibt es eine Priorisierung von unten nach oben, das bedeutet, dass die physiologischen Bedürfnisse einen höheren Stellenwert/eine höhere Priorität haben als das Bedürfnis nach Selbstverwirklichung. Das Bedürfnis nach Selbstverwirklichung ist ein sogenanntes »Wachstums-Bedürfnis«, und kann nicht gestillt werden. Alle anderen Bedürfnisse sind den »Grundbedürfnissen« zuzuschreiben und können befriedigt werden.

Wer einmal mit einem PKW auf der Autobahn unterwegs war, Harndrang hatte und die nächsten 50 km kein Rastplatz gekommen ist, sich die Blase immer weiter füllte und für starke Schmerzen sorgte, hatte eine Störung im Bereich der physiologischen Bedürfnisse. Irgendwann kann man nicht mehr klar denken. Eine geringfügige Störung mit einer großen Auswirkung. Hier kann festgestellt werden: Störung direkt an der Basis = große Auswirkung. Je näher die Störung an der Basis, desto größer die Auswirkung. Je größer die Nichtbefriedigung, desto größer der Einfluss auf den Menschen. Was denkst Du, in welchem Bereich der Bedürfnispyramide viele Notrufende eine Störung haben? Das Bedürfnis, welches am häufigsten beeinträchtigt ist, ist das Sicherheitsbedürfnis. Man nennt es auch Bedürfnis nach Orientierung und Sicherheit. Dieses Bedürfnis befindet sich sehr nah an der Basis. Mit allen Konsequenzen.

Beispiel:
Stell Dir vor, Frau Heinz (61) findet nach dem Einkaufen ihren Mann, mit dem sie schon seit über 30 Jahren verheiratet ist, leblos im Wohnzimmer auf der Couch

2.3 Denken und Handeln in Stresssituationen

liegend vor. Mit welcher emotionalen Verfassung wird diese Frau wohl den Notruf wählen?

Nun stell Dir vor, Herr Maus (85) ist Schatzmeister von einem Sängerverein. Herr Redlich (83), sein Sänger-Kamerad, ist nicht zum Singen erschienen und telefonisch nicht erreichbar. Die beiden haben ansonsten keinen persönlichen Bezug zueinander. Herr Maus hat allerdings einen Wohnungsschlüssel von Herrn Redlich, da er in dessen Abwesenheit hin und wieder nach dem Rechten schaut und seinen Briefkasten leert. Nach dem Singen fährt Herr Maus zu der Wohnung des Herrn Redlich, betritt diese und findet ihn auch leblos auf der Couch liegend vor. Mit welcher emotionalen Verfassung wird Herr Maus wohl den Notruf wählen?

Gleicher Sachverhalt, komplett anderes Setting. Es ist kein Geheimnis, wenn ich schreibe, dass eine direkte persönliche Betroffenheit das menschliche Verhalten ebenfalls massiv beeinflusst. Frau Heinz hat eine Störung im Bereich der Sicherheitsbedürfnisse, Herr Maus (wenn überhaupt) eine Störung im Bereich der sozialen Bedürfnisse.

2.3.2 Angstreaktionen und archaische Notfallmuster

Ich habe zum Thema »Evolution« schon einiges niedergeschrieben. Der Mensch hat sich in tausenden von Jahren weiterentwickelt. Außer bei den menschlichen Angstreaktionen und Notfallmustern. Diesbezüglich hat sich seit der Steinzeit nichts verändert und wir haben mehr oder weniger – was die »Notfallreaktionen« angeht – immer noch ein »Reptilien-Gehirn«.

Eigentlich hat ein Mensch ziemlich genau drei Optionen. Fight (Angriff), Flight (Flucht) oder Freeze (Erstarren). Das war es. Wir reagieren in der modernen, hochentwickelten Welt noch genau so, wie der Neandertaler, wenn er einen Säbelzahntiger gesehen hat... Cannon hat 1915 erstmals die ersten beiden Reaktionen (Angriff und Flucht) beschrieben, Gray hat 1987 die dritte Reaktion (Erstarren) hinzugefügt und einen bis zu vier-phasigen Verlauf der Notfallreaktion beschrieben:

- Erste Phase: Erstarren – sowohl psychisch als auch physisch – Ausschüttung von Adrenalin und Steigerung der Aufmerksamkeit.
- Zweite Phase: In der Regel Flucht!
- Dritte Phase: Wenn Flucht nicht möglich – Angriff!
- Vierte Phase: Wenn weder Flucht noch Angriff möglich sind – Totstellen oder anpassen!

2 Psychologische Phänomene und bio-psycho-soziale Grundlagen

Was glaubst Du, welche Reaktion für uns am besten ist? Genau, der Angriff (Fight)! Diese Menschen bekommen wir am besten in Aktion. Mit dem »Erstarren« oder »Totstellen« werden wir in der Leitstellenarbeit eher nicht konfrontiert.

Das Yerkes-Dodson-Gesetz

Diesen Begriff wirst Du vielleicht auch noch nie gehört haben. Dieses Gesetz setzt die Effektivität/Produktivität von Menschen in Relation zu dem Erregungsniveau. In diesem Gesetz gibt es einen sogenannten »inversen U-Verlauf«. Das bedeutet, im Bereich einer geringen Erregung (zum Beispiel beim Schlafen) ist die Effektivität niedrig. Dies trifft aber auch auf den Bereich einer sehr hohen Erregung zu, denn auch hier ist die Effektivität äußerst gering.

Dies gilt natürlich auch in der Leitstellenarbeit. Bin ich selber emotional hoch erregt (oder auch sehr müde oder erschöpft) kann ich weder Höchstleistungen bringen noch die Konzentrationsspanne über einen längeren Zeitraum aufrechterhalten.

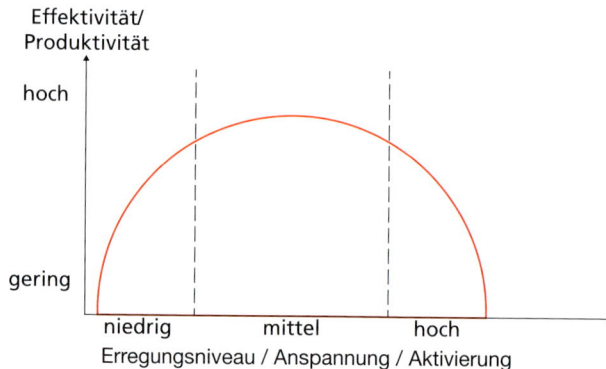

Bild 11: *Yerkes Dodson-Gesetz (Quelle: Johannes Kalliauer, wikimedia commons)*

2.4 Die Funktionsweise des menschlichen Gehirns

2.4.1 Das Wohnhaus »Cerebrum«

Das ist das Wohnhaus »Cerebrum«. Von außen sieht es aus, wie ein 50er- oder 60er-Jahre Siedlungshaus. In diesem Haus wohnen vier Familien:
- Erdgeschoss: Familie Zefal
- 1. OG: Familie Thal

2.4 Die Funktionsweise des menschlichen Gehirns

- 2. OG/Dachgeschoss: Familie Lobus
- Anbau: Familie Bellum

Der Vermieter ist ein schlauer Kerl, und hat jeder der Familien eine unterschiedliche Aufgabe in ihren Mietvertrag festgeschrieben.

So alt das Haus von außen aussehen mag, schaut man hinein, kann man feststellen, dass es supermodern und auf dem neuesten Stand der Technik ist.

Die Familien haben folgende Aufgaben:

- Familie Zefal (EG): Überwachung von Gas-, Wasser- und Stromleitungen sowie der Luftqualität.
- Familie Thal (1. OG): Verteilung der eingehenden Post, Beobachtung der Nachbarn, die Aufzugsteuerung und die Bedienung des hauseigenen Drogenlabors. Außerdem hat Familie Thal als einzige Partei in dem Haus einen Notaus-Schalter.
- Familie Lobus (2. OG/Dach): Planung von allgemeinen Gemeinschaftsarbeiten, wie zum Beispiel: Reinigung von Treppenraum und Keller, Winterdienst und die Planung regelmäßiger Besprechungen.
- Familie Bellum (Anbau): Diese Familie betreibt ein hauseigenes Fitness-Studio.

Ich arbeite sehr gerne mit Bildern und es ist mir wichtig, komplexe Dinge einfach zu erklären. Ich habe euch nun erklärt, wie das menschliche Gehirn aufgebaut ist und welche Teile des Gehirns welche Aufgaben haben. Verrückt?

Fakten zum Gehirn

- ca. 1,3–1,4 kg schwer
- auseinandergefaltet und glatt gebügelt ca. 0,5 m²
- beansprucht 25–30 % des gesamten Glucose-Verbrauchs (obwohl es nur einen Anteil von 2 % am Körpergewicht hat)
- Verbrauch: ca. 30 W
- Gesamtlänge aller Nervenverbindungen: ca. 6 000 000 km (Untergrenze)
- 100 000 000 000 Neuronen (Jedes Gehirn besitzt mehr Neuronen als es in allen Regenwäldern der Welt zusammen Blätter an den Bäumen gibt).
- 1 Billiarde Betriebszustände
- 0,5 Trillionen Kontaktstellen

2 Psychologische Phänomene und bio-psycho-soziale Grundlagen

2.4.2 Ebenen des zentralen Nervensystems

Das Stammhirn ist die älteste Struktur, das Großhirn, speziell der Frontal-Lappen (präfrontaler Kortex) ist die neueste Struktur. Dieser Bereich unterscheidet uns auch von den Primaten, deren präfrontaler Kortex nicht besonders ausgebildet ist. Hier findet das bewusste und differenzierte, analytische Denken statt; in diesem Bereich ist die Persönlichkeit und der Intellekt verortet.

Innerhalb des Aufbaus eines menschlichen Gehirns gibt es einen Bereich, der für uns besonders interessant ist und dessen Funktionsweise sich zu kennen lohnt. Gemeint ist das limbische System, das Zwischenhirn. Im limbischen System gibt es eine Struktur, die so einflussreich ist, die komplette »Steuerung« zu übernehmen.

Tabelle 1: *Ebenen ZNS*

Etage	Ebene des ZNS	Bewusstseinsebene	Funktionen
2. OG	Großhirn (Cortex und Subcortex)	bewusst	bewusstes, differenziertes und analytisches Denken, Intellekt, Sprachverständnis und -bildung
1. OG	Zwischenhirn (Limbisches System)	überwiegend nicht bewusst	Informationsverarbeitung und -bewertung, Stoffwechsel-/Hormonsteuerung
EG	Stammhirn	unbewusst	Steuerung aller lebenserhaltenden Funktionen, Schnittstelle zum Rückenmark
Garage	Kleinhirn	unbewusst	Motorik und Bewegungen

Das limbische System

Das limbische System besteht aus den einzelnen farbig dargestellten Strukturen. So haben Menschen zum Beispiel den Hypothalamus, welcher auch als »Wächter des Bewusstseins« bezeichnet wird. Hier wird entschieden, welche der gewonnen Informationen in das Kurzzeitgedächtnis gelangen, somit erinnerbar sind und welche sofort in den Tiefen des Unterbewusstseins abgespeichert werden. Der Hippocampus ist für unsere Träume verantwortlich.

2.4 Die Funktionsweise des menschlichen Gehirns

Ich möchte aber auf zwei besondere Strukturen hinaus, deren Aufgaben über sehr viele Jahre vollkommen unbekannt waren. Lange haben sich Neurowissenschaftler gefragt: »Kann das weg oder brauchen wir das?« Gemeint sind die zwei mandelkerngroßen Strukturen mit dem Namen **Amygdala**.

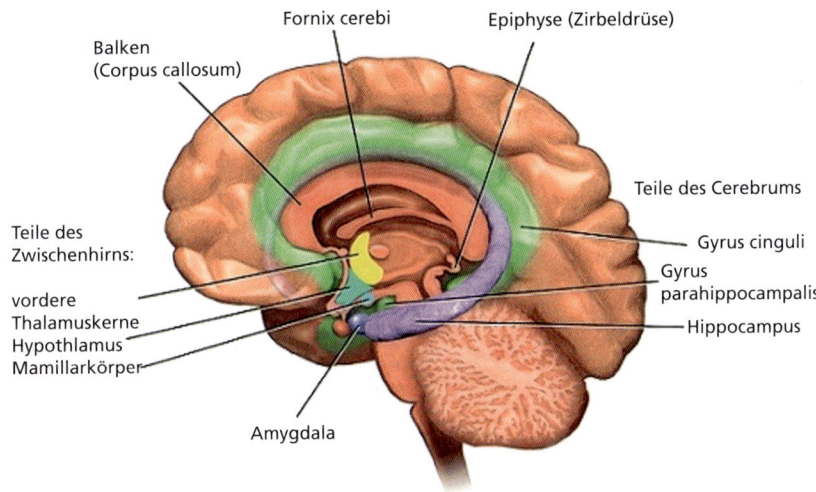

Bild 12: *Limbisches System (Quelle: Medical gallery of Blausen Medical 2014, wikimedia commons)*

Heute weiß man, welche Aufgabe die Amygdalae (Amygdala bedeutet Mandelkern) haben. Sie sind das sogenannte »Emotions-/Angst-Zentrum« und ständig aktiv, um zu bewerten, ob eine Gefahr droht! Je Hemisphäre gibt es einen Mandelkern.

Es gibt Menschen, die eine Stoffwechselerkrankung im Bereich der Mandelkerne haben. Das sind Menschen, die keine Angst kennen. Wenngleich sie vor nichts Angst haben, haben diese Menschen trotzdem Angst vor dem Ertrinken. Warum dies so ist, weiß man nicht. Es wird vermutet, dass die Angst vor dem Ertrinken eine »Ur-Angst« ist, welche sich – wie die archaischen Notfallmuster auch – nicht »herausevolutioniert« hat.

Die Mandelkerne spielen eine sehr große Rolle bei der Ausprägung der körperlichen Auswirkungen der Angst. Um dies verstehen zu können, muss ich einen kleinen neurobiologischen Exkurs in die Bewertung von Gefahr und die körperlichen Reaktionen auf Stress machen. Ganz abgesehen von den bekannten Notfallmustern,

2   Psychologische Phänomene und bio-psycho-soziale Grundlagen

werden vor der eigentlichen körperlichen Reaktion im Gehirn Weichen gestellt. Es gibt zwei sogenannte »Stressachsen«.

Die erste Stressachse ist die »normale« Reaktion auf Stress. Ein Reiz wird im Gehirn verarbeitet und bewertet, es erfolgt eine »normale Stress-Reaktion« unter Einbeziehung des präfrontalen Kortex mit der Ausschüttung von Hormonen, Aktivierung des Sympathikus etc.

Die zweite Stressachse ist die »Extrem-Reaktion« auf Stress. Der Thalamus entscheidet, dass in diesem Fall der »Notaus-Schalter« betätigt werden muss. Unter kompletter Umgehung des präfrontalen Kortex wird die komplette Kontrolle an die Amygdalae übergeben. Es kommt zu einem sogenannten **Amygdala Hijack** – mit drastischen Konsequenzen:

- Der präfrontale Kortex (das rationale Denkzentrum) wird deaktiviert.
- Es besteht nur noch sehr begrenzt Zugriff auf das Gedächtnis.
- Es werden massiv Stresshormone ausgeschüttet.
- Wenn sich ein Mensch im Zustand des »Amygdala Hijack« befindet, schreit er nur noch unkontrolliert und fragt immer wieder dieselben Fragen. Als ob er eine Amnesie hätte.

Stress und die Bewertung von Gefahr sind höchst individuell. Niemand entscheidet sich bewusst für eine solch drastische Reaktion. Es ist wichtig zu verstehen, dass die Menschen nichts dafürkönnen, sie nicht »doof«, »dumm« oder »blöd« sind und es schon mal gar nicht mit Absicht machen. Es läuft ein neurobiologisches Programm ab, worüber der Mensch keinerlei Kontrolle hat.

Wir können versuchen, den Mensch im Zustand des Amygdala Hijack irgendwie in körperliche Aktion zu bringen, damit die Stresshormone schneller abgebaut werden, ansonsten haben wir in solchen Momenten keine andere Interventionsmöglichkeit und müssen es aushalten. Wir werden von diesem Menschen keinerlei Informationen bekommen. Das ist keine einfache Situation für uns – selbst für »alte Hasen« nicht und für die Anrufer schonmal gar nicht. Es macht keinen Sinn »dagegenzuschreien«. Irgendwann wird der präfrontale Kortex wieder »eingeschaltet« und wir haben weitere Interventionsmöglichkeiten (▶ Kapitel 4).

Übrigens: Schreien kostet sehr viel Energie, wie Du sicher selbst schon einmal gespürt hast. Durch eben dieses Schreien werden Stresshormone schneller verstoffwechselt und abgebaut.

2.4 Die Funktionsweise des menschlichen Gehirns

Spiegelneuronen

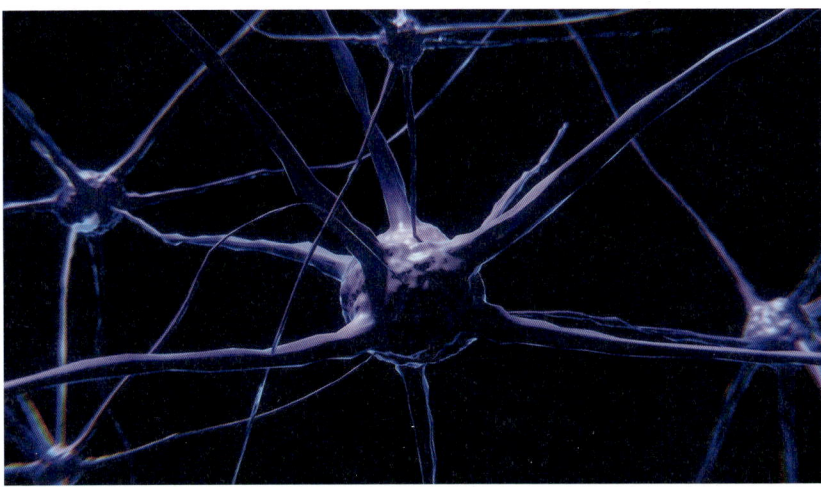

Bild 13: *Neuronen (Quelle: pixabay)*

Seit vielen Jahrzehnten fragt sich die Menschheit: Weshalb ist Gähnen ansteckend? Wieso fährt man sich auf einer völlig überfüllten Skipiste nicht gegenseitig um? Warum zuckt man bei einer spannenden Stelle bei einem Horrorfilm zusammen, obwohl man ganz genau weiß, dass es ein Film ist?

Ende der 90er-Jahre hat ein italienischer Neurowissenschaftler, Professor Rizzolatti von der Universität Parma, eine bahnbrechende Entdeckung gemacht. Professor Rizzolatti hat Tierversuche durchgeführt, weil er daran interessiert war (und ist), wie Gehirne funktionieren, was wann und in welchem Areal im Gehirn passiert. Er hat für seine Versuche eine spezielle Affen-Art eingesetzt, und zwar Schweins-Makaken. Diese Art ist – im Gegensatz zu Menschenaffen – dafür bekannt, keine »menschlichen Züge« wie zum Beispiel Empathie zu besitzen. Schweins-Makaken lieben Nüsse. Rizzolatti wollte wissen, was im Gehirn des Affen passiert, wenn sich ein Affe eine Nuss nimmt und diese isst. Also hat er einem Affen eine Menge winziger Elektroden (natürlich in Narkose) in sein Gehirn eingesetzt, um herauszufinden, wo welche elektrische Aktivität bei diesem Vorgang im Gehirn stattfindet.

Der Versuchsaufbau war folgender: Ein Labor mit einem Tisch. Auf diesem Tisch eine kleine Schale. In dieser Schale eine Nuss. Als nächstes hat man den Affen in das Labor hineingelassen, er ist auf den Tisch gesprungen, hat sich die Nuss genommen und genüsslich gegessen. Nun wusste man also, welche Areale bei dieser Tätigkeit im Gehirn des Affen aktiv waren.

Versuch zwei: Gleicher Aufbau, nur dass bei diesem Versuch eine Glasscheibe vor der Schale mit der Nuss war und der Affe nicht darankommen konnte. Also: Tür auf – Affe rein – Affe sitzt traurig vor der Glasscheibe und sieht hungrig die Nuss – Tür auf der anderen Seite des Labors auf – zweiter Affe rein – zweiter Affe springt auf den Tisch und isst genüsslich die Nuss… Was glaubst Du, was in dem Gehirn des armen Affen passiert ist, der nicht an die Nuss gekommen ist? Genau das gleiche, als er sich selber die Nuss nehmen konnte. Er war zum Zuschauen bestimmt, aber in seinem Gehirn waren bei der reinen Beobachtung in exakt den gleichen Arealen elektrische Aktivität zu messen. Ein Wahnsinn! Das war die Entdeckung der Spiegelneuronen!

Nun war der Forscherdrang des Teams geweckt. Ein dritter Versuch musste her! Setting wie bei Versuch Nummer zwei, aber dieses Mal ist kein zweiter Affe in das Labor gekommen, sondern ein Mensch. Eine komplett andere Spezies. Was glaubst Du, was im Affen-Hirn passiert ist? Das gleiche wie bei Versuch zwei!

Versuch vier, jetzt wollten sie es wissen: Aufbau wie bei Versuch zwei, nur dass dieses Mal in Anwesenheit des Affen eine nicht durchsichtige Pappe vor die Schale mit der Nuss gestellt wurde. Er konnte also nicht sehen, was dahinter passiert. Tür zwei auf – Mensch rein – Mensch macht nichts anderes, als seine Hand hinter die Pappe zu stecken. Was passiert im Affen-Hirn? Exakt die gleiche Reaktion wie bei den vorhergehenden Versuchen. Das Gehirn hat den kompletten Vorgang simuliert.

Fünfter und letzter Versuch: Setting wie bei Nummer drei, nur dass dieses Mal der Mensch mit einer Zange die Nuss gegriffen hat. Und was ist wohl im Affen-Hirn passiert? Nichts!

Jetzt kannst Du natürlich behaupten: »Ach, das ist nur ein Affe gewesen, das geht bei Menschen nicht.« Weit gefehlt! Auch Menschen besitzen Spiegelneuronen! Und zwar eine ganze Menge. Heute macht man keine Tierversuche mehr, sondern kann mit den funktionellen MRTs (fMRT) Stoffwechselvorgänge im Gehirn darstellen. Das hast Du bestimmt schonmal gesehen, die bunten MRT-Bilder. So wurden in den vergangenen Jahren viele verschiedene Studien durchgeführt. Von einigen möchte ich berichten: Dem Probanden wurde ein Film gezeigt, in welchem sich ein Mensch mit einer spitzen und heißen Nadel in eine Fingerbeere pickst. Was denkst Du, welche Areale im Gehirn des Probanden aktiv waren? Genau, die Schmerz-Areale.

2.4 Die Funktionsweise des menschlichen Gehirns

Einem Probanden wurden Fotos von Gesichtern gezeigt. Ihm wurden Elektroden auf das Gesicht geklebt, und zwar auf den »Trauer-Muskel« und den »Freude-Muskel«. Er hatte die Aufgabe, keine Miene zu verziehen, während der die Bilder sieht. Es waren hauptsächlich neutral schauende Gesichter, aber zwischendurch wurde immer wieder ein lachendes und ein trauriges Gesicht gezeigt. Und zwar für 500 Millisekunden, also genau für eine halbe Sekunde, was gerade eben so wahrgenommen werden kann. Der Proband hat bei den lachenden und traurigen Gesichtern reagiert, obwohl er sich bemüht hat, nicht zu reagieren.

Es folgte eine zweite Untersuchung mit gleichem Versuchsaufbau, nur dass dieses Mal die traurigen und lachenden Gesichter nur 50 Millisekunden gezeigt wurden, was deutlich unterhalb der Wahrnehmungsschwelle liegt. Subliminale Stimulation nennt man dies. Obwohl der Proband die Gesichter nicht wahrnehmen konnte – hat er trotzdem reagiert! Heute weiß man, dass die Spiegelneuronen schon reagieren, wenn jemand eine Handlung erzählt bekommt. Viele Spiegelneuronen sind in der Nähe der Sprachzentren im Gehirn zu finden. Sie sind die Erklärung für Intuition und Mitgefühl, funktionieren vollkommen unbewusst und machen den Menschen zu einem mitfühlenden Wesen. Man muss wissen, dass die Entwicklung dieser Neuronen bis zum dritten bzw. vierten Lebensjahr abgeschlossen ist. »Use it or loose it.« Jeder Mensch hat Spiegelneuronen – auch die emotional abgestumpften und gefühllosen Menschen. Nur nutzt sie dieser Typ Mensch nicht. Der Grund hierfür ist in der Regel in deren Kindheit zu suchen.

Zum Glück kann die Funktion der Spiegelneuronen durch den Verstand blockiert werden. Schaust Du einen Horrorfilm zum zweiten Mal, wirst Du bei den fiesen Stellen vermutlich nicht so zusammenzucken, wie beim ersten Mal. Wenn die Funktion nicht bewusst blockiert werden könnte, wäre es unmöglich, unseren Beruf auszuüben! Wie schon geschrieben: es ist ausreichend, etwas mündlich berichtet zu bekommen, was nun mal unser tägliches Brot ist, um die berichtete Situation in unserem eigenen Gehirn zu simulieren. Nur weil Spiegelneuronen aktiv werden, heißt es noch lange nicht, dass der Mensch auch in ein aktives Handeln kommt. Es wird zwischen den sog. »motorischen Neuronen« unterschieden, welche für die Ausführung einer Bewegung zuständig sind, und den sog. »prämotorischen Neuronen«, welche für die Planung einer Bewegung zuständig sind. Vergleicht man die Neuronen mit den bekannten Comic-Figuren Asterix und Obelix, steht Obelix (»der Starke«) für die motorischen Neuronen und Asterix (»der Schlaue«) für die prämotorischen Neuronen. Anderes Beispiel: Mensch = prämotorisches Neuron, Auto = motorisches Neuron. Ein Auto wird niemals von allein fahren (jaja, ich weiß, autonomes Fahren…).

Vorher muss der Mensch eine Fahrt planen. Der Mensch hingegen kann eine Fahrt planen, aber muss die Fahrt nicht zwingend antreten. Spiegelneuronen sind ausschließlich prämotorische Neuronen. Sozusagen die Regisseure im Gehirn.

Emotional Contagion
Emotional Contagion bedeutet »emotionale Ansteckung«. Auch wenn wir glauben, wir sind mit allen Wassern gewaschen und uns könnte in der Leitstellenwelt nichts mehr beeindrucken, muss ich leider schreiben: Auch Du kannst in den »Genuss« einer emotionalen Ansteckung kommen! Du musst nur auf dem »falschen Fuß« erwischt werden oder durch irgendetwas getriggert werden, was Dir vielleicht gar nicht bewusst ist. Und zack: bist Du mittendrin!

Sehr eindrucksvoll war für mich ein Supervisions-Gespräch eines sehr erfahrenen und sehr guten Kollegen. Ihm wurde in dem Notrufgespräch berichtet, dass sich in einer Garage ein Herr erhängt habe. Zwar nicht schön, aber es gibt bedeutend schlimmere Notrufe. Dieser Kollege hat auf diese Meldung extrem reagiert und ist total aus seiner Haut gefahren, was überhaupt nicht zu seiner sonstigen Arbeit passte. Ich fragte ihn im Anschluss, ob er sich erklären könne, was da genau bei ihm passiert ist. Nach kurzem Überlegen entgegnete er: »Vor einigen Jahren hat sich mein Opa in einer Garage erhängt...«

Hier gilt wieder das Prinzip der Achtsamkeit, der Bewusstmachung. Man kann sich erstmal nicht gegen die Ansteckung wehren, bekommt man es aber mit, kann man gegensteuern.

3 Leitstellenarbeit

3.1 Die Leitstelle als High Reliability Organization (HRO)

Ist Dir der Begriff »HRO« geläufig? High Reliability Organizations (HROs) sind Unternehmen, Organisationen oder Einrichtungen, die in ihrem Bereich eine hohe Zuverlässigkeit aufweisen und in der Lage sind, komplexe und riskante Betriebsumgebungen sicher und erfolgreich zu bewältigen. HROs sind typischerweise in Bereichen tätig, in denen Fehler oder Unfälle gravierende Folgen haben können, wie zum Beispiel in der Luftfahrt, im Atomkraftwesen, in der chemischen Industrie oder in der Gesundheitsversorgung. Kannst Du Dir vorstellen, dass Leitstellen auch eine HRO sind? Ja, sie gehören zweifelsfrei dazu! Es gibt Merkmale, anhand welcher man HROs identifizieren kann:

Merke:
- Komplexe Systeme
- Rahmenbedingungen sind potenziell gefährlich
- Hohe Fehlerwahrscheinlichkeit
- Schwere Schäden für Menschen oder Umwelt/Irreversibilität

Die HROs haben ein gemeinsames, wichtiges Prinzip:

Situation Awareness
Situative und kollektive Achtsamkeit. Das Wort »Achtsamkeit« wird heute leider inflationär gebraucht, sollte aber im Kontext Leitstellenarbeit, gerade im Rahmen des Risiko-Managements, eine große Rolle spielen. Was unterscheidet uns nun von klassischen Teams? Diese Tabelle verdeutlicht die Besonderheit unseres Arbeitsplatzes.

3　Leitstellenarbeit

Tabelle 2: *Vergleich HRO*

Konsequenzen von Fehlverhalten	Klassische Teams	Leitstelle
Reversibilität der Ergebnisse?	in der Regel ja	in der Regel nein
Körperliche und psychische Schäden?	nein	ja
Wem wird geschadet?	dem Team und der Firma	dem Team, der Behörde und Dritten
Verantwortung für das Leben anderer?	nein	ja
Abbruch der Situation möglich?	ja	nein
Arbeitsunterbrechung möglich?	Pausen etc. sind möglich.	Pausen etc. sind in der Regel nicht möglich.
Mediendruck/Öffentlichkeit?	in der Regel nicht	ja

Nicht ohne Grund behaupte ich: Die Leitstelle ist der anspruchsvollste, komplexeste und verantwortungsvollste Arbeitsplatz im »Blaulicht-Milieu«. Nirgendwo werden mehr Entscheidungen pro Zeiteinheit getroffen als in einer Leitstelle! Jedes Notrufgespräch endet mit einer Entscheidung.

Komplexität ist eins der wichtigen Merkmale, was HROs vereinigt. Die Komplexität unseres Arbeitsplatzes ist enorm hoch. Wir müssen in möglichst kurzer Zeit möglichst präzise Entscheidungen anhand möglichst objektiver Kriterien von unter Umständen hoher Tragweite treffen. Genau diese Komplexität der Leitstellenarbeit kann aber eine schnelle und umfassende Bewertung eines Notrufs behindern! Um dies zu verdeutlichen, stelle ich die Merkmale von Komplexität kurz vor:

Großer Umfang

Wir sind für das volle Spektrum der nichtpolizeilichen Gefahrenabwehr plus X zuständig! Der Umfang betrifft aber auch die verschiedenen Systeme, welche wir bedienen. Einsatzleitsystem, Funk, Telefonie, Wachalarm, Intensivbettenübersicht, rescuetrack®, Crash-Recovery-System, nora-Leitstellenanwendung etc.

3.1 Die Leitstelle als High Reliability Organization (HRO)

Vernetztheit
Leitstellen sind intern digital vernetzt und teilweise mit anderen Leitstellen digital gekoppelt. Der Begriff »Vernetztheit« bezieht sich aber nicht nur auf die digitale Vernetzung, sondern auf das komplette, riesige Netzwerk aus polizeilicher und nichtpolizeilicher Gefahrenabwehr, Krankenhäuser, Behörden und vielem mehr, auf welches wir im Einsatzfall zurückgreifen können.

Eigendynamik und Zeitverzögerung
Wäre es nicht schön, wenn wir voraussehen könnten, zu welchem Zeitpunkt wie viele Notrufe klingeln, um so die Besetzung der Leitstelle vorausschauend anpassen zu können? So ist es aber nicht. Im Prinzip laufen wir immer hinterher. In der Leitstellenarbeit gibt es die »hours of boredom« und die »minutes of thrill«. Eben war es noch außergewöhnlich ruhig, nun ist es, als ob jemand einen Schalter umgelegt hätte, und alle Leitungen klingeln gleichzeitig. Meldet jemand einen Brand in einer Wohnung, weiß ich nicht, ob sich der Brand auf das Zimmer beschränkt, sich auf die komplette Wohnung oder sogar das komplette Gebäude inkl. Dach ausbreitet. Nur weil der Notruf gewählt wird, stirbt bei einem Herzinfarkt nicht weniger Herzmuskelgewebe ab. Nur weil der Notruf gewählt wird, bedeutet es nicht, dass der Krampfanfall sistiert, es kann sich auch ein Status Epilepticus entwickeln. Wir können die Dynamik nicht beeinflussen. Wir können keinen »Stopp-Knopf« drücken. Wenn wir Einsatzkräfte alarmieren, rücken sie
1. in der Regel nicht in der gleichen Sekunde aus und
2. benötigen sie Zeit X bis zum Eintreffen an der Einsatzstelle.

Wir haben es aber in der Hand, bei lebensbedrohlichen Notfällen die Zeit bis zum Eintreffen der Rettungskräfte mit Erste-Hilfe- und Sicherheitshinweisen zu überbrücken!

Irreversibilität
Es gibt eine Grundregel: Läuft die Notruf-Bearbeitung in der Leitstelle schlecht, kann der komplette Einsatz katastrophal verlaufen. Denn nicht nur die Notrufenden, sondern auch die Einsatzkräfte sind von unserer Arbeit abhängig. Unsere Entscheidung lässt sich nicht rückgängig machen. Stell Dir vor, Du erkennst einen reanimationspflichtigen Zustand eines Patienten nicht und alarmierst einen RTW ohne Sondersignal. Wenn die Kollegen vor Ort ankommen, brauchen sie auf Grund des Zeitverzugs im Prinzip mit den Reanimationsmaßnahmen gar nicht mehr anfangen. Deine Entscheidung ist irreversibel. Stell Dir vor, ein HLF wird ohne Sondersignal zu einer Brandnachschau alarmiert. Anfahrt elf Minuten. Vor Ort

angekommen ist der komplette Treppenraum verraucht, es ist Feuerschein sichtbar und es stehen Menschen an geöffneten Fenstern, die um Hilfe rufen. So steht die Vier-Mann-Besatzung des HLF ziemlich blöd da. Das habe ich selbst so erlebt und fand es alles andere als witzig. Natürlich haben wir großzügig nachalarmiert, waren aber erstmal zehn Minuten allein. Die Entscheidung, uns ohne SoSi dort hin zu schicken, war nicht reversibel. Der Disponent wird es nicht mit böser Absicht getan haben, hatte vermutlich ganz andere Informationen, aber trotzdem: Es war eine Katastrophe! Natürlich kann man bei einem erneuten Anruf seine Entscheidung reevaluieren, das Stichwort ändern und mehr Einsatzkräfte zur Einsatzstelle alarmieren, aber die erste Entscheidung bleibt die erste Entscheidung.

3.2 Aufbau- und Ablauforganisation einer Leitstelle

Bei der Bearbeitung von Notrufen und Einsätzen gibt es in Leitstellen drei unterschiedliche Aufbau- und Ablauforganisationen:
1. Einsatzsachbearbeiter-System (ESS)
2. Modifiziertes Calltaker-Dispatcher-System (mCDS)
3. Calltaker-Dispatcher-System (CDS)

Bei dem **Einsatzsachbearbeiter-System (ESS)** gibt es keine personelle Trennung zwischen der Bearbeitung eines Notrufes, der Alarmierung von Einsatzmitteln und der weiteren Einsatzbearbeitung. Dieses System wird auch »vertikale Disposition« genannt. Ein Mitarbeiter bearbeitet die komplette Prozesskette. In Leitstellen, welche mit dem ESS arbeiten, haben die Einsatzleitplätze keine festen Zuständigkeiten. Es gilt das Prinzip »Jeder macht alles«.

3.2 Aufbau- und Ablauforganisation einer Leitstelle

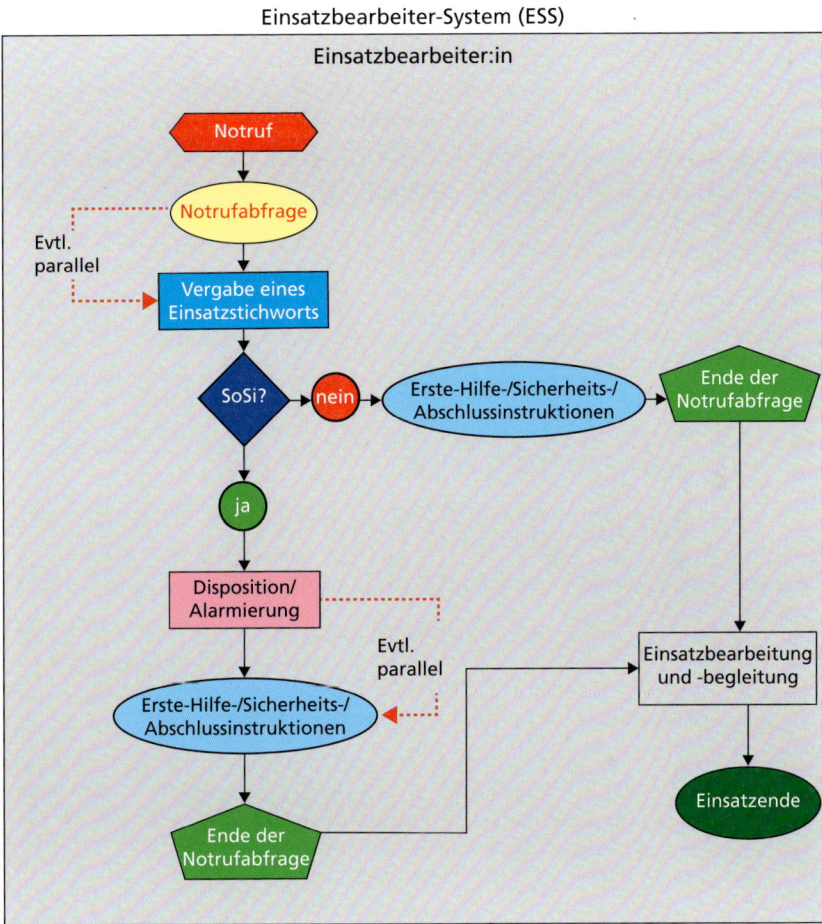

Bild 14: *Einsatzsachbearbeiter-System*

3 Leitstellenarbeit

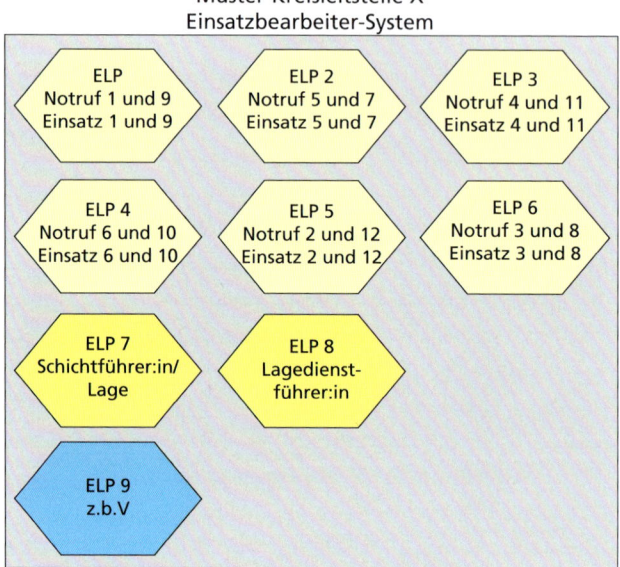

Bild 15: *Beispiel Einsatzsachbearbeiter-System*

Das **modifizierte Calltaker-Dispatcher-System (mCDS)** ist eine Mischform aus dem Einsatzsachbearbeiter- und dem Calltaker-Dispatcher-System. Häufig findet sich dieses System in Leitstellen, in welchen jeder Einsatzleitplatz eine bestimmte Zuständigkeit hat und alle Einsatzleitplätze Notrufe annehmen. Zur Verdeutlichung vier Beispiele mit unserem Einsatzsachbearbeiter Philipp, der grundsätzlich die Aufgabe hat, Einsätze aus dem Bereich Brandschutz/Hilfeleistung zu bearbeiten:

Beispiel 1: Philipp nimmt einen Notruf entgegen. Gegenstand dieses Notrufs ist eine Meldung über eine Patientin mit akuten Brustschmerzen und Kaltschweißigkeit. Dem Meldebild entsprechend alarmiert er noch während des Gesprächs einen Rettungswagen und einen Notarzt. Nach der Alarmierung, der Erteilung von Erste-Hilfe und Abschlussinstruktionen und Beendigung des Gesprächs übergibt er diesen Einsatz an den zuständigen Kollegen, welcher die weitere Einsatzbearbeitung übernimmt.

Beispiel 2: Das Telefon hört nicht auf zu klingeln. Der zweite Notruf ist eine Meldung über einen Herz-/Kreislaufstillstand im häuslichen Umfeld. Philipp alarmiert während des Gesprächs sofort nach dem Erkennen des Patientenzustandes die Einsatzkräfte und leitet hochprofessionell eine Laien-Reanimation an. Er begleitet die

3.2 Aufbau- und Ablauforganisation einer Leitstelle

Anruferin telefonisch bis zum Eintreffen der ersten Einsatzkräfte. Während Philipp die T-CPR anleitet, übernimmt sein Kollege Thomas die Aufgaben von Philipp. Nach der Beendigung des Gesprächs übergibt Philipp den Einsatz an den zuständigen Kollegen zur weiteren Bearbeitung.

Beispiel 3: Philipp nimmt wieder einen Notruf entgegen. Aber diesmal handelt es sich um einen häuslichen Sturz, der zwar einen Notfall darstellt, aber nicht mit Sondersignal beschickt werden muss. Nach der Beendigung des Gesprächs übergibt er diesen Einsatz wieder an den zuständigen Kollegen. Dieser übernimmt die weitere Bearbeitung des Einsatzes inklusive der Alarmierung eines RTW.

Beispiel 4: Ein strubbeliger Tag. Philipp nimmt erneut einen Notruf entgegen. Inhalt dieses Notrufs ist ein ausgelöster Heimrauchmelder mit Brandgeruch. Da er für die Bereiche Brandschutz/Hilfeleistung zuständig ist, alarmiert er die Einsatzkräfte und übernimmt die weitere Einsatzbearbeitung.

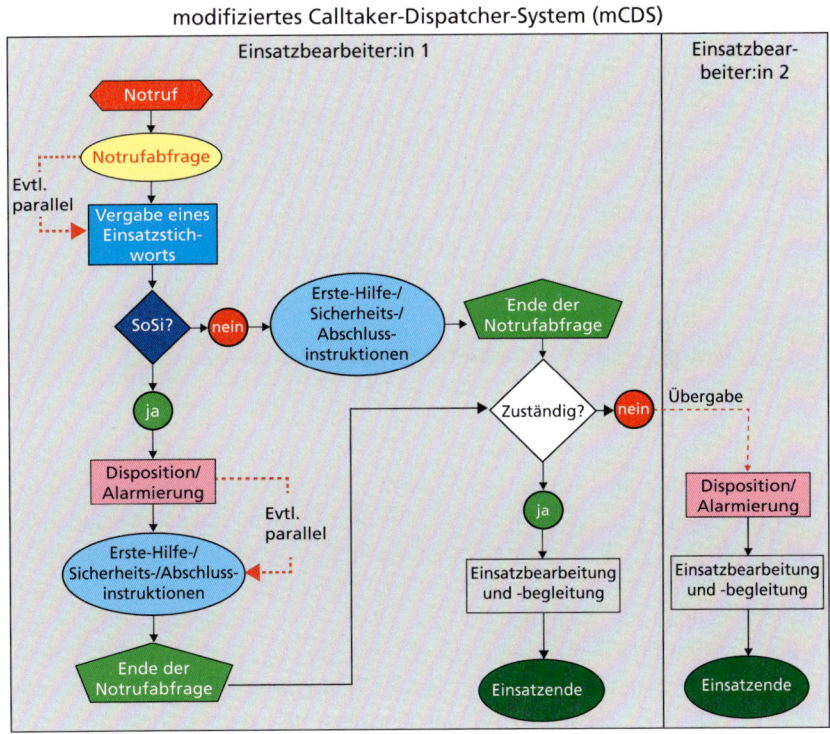

Bild 16: *modifiziertes Calltaker-Dispatcher-System*

3 Leitstellenarbeit

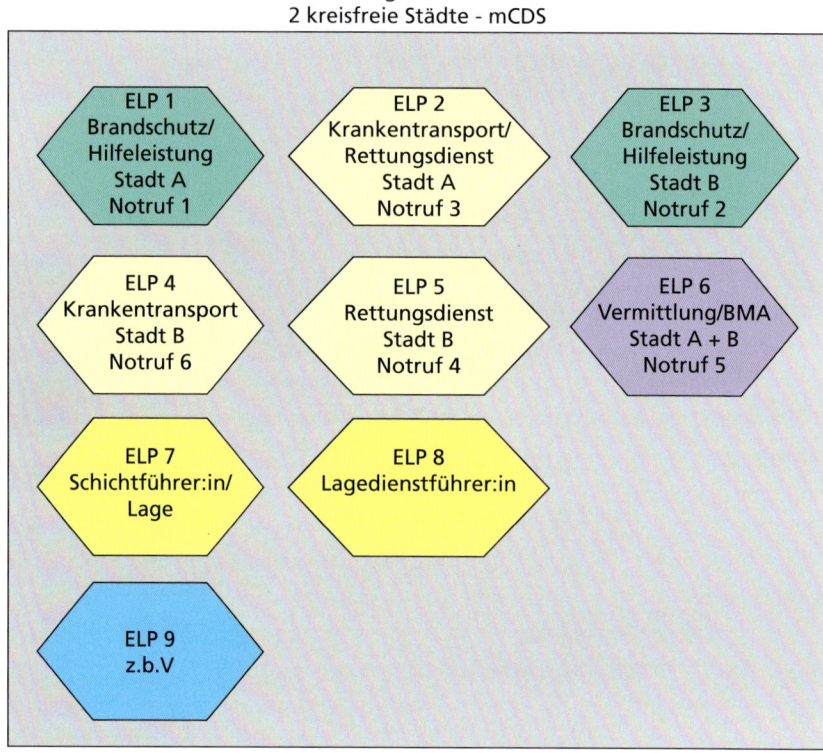

Bild 17: *Beispiel modifiziertes Calltaker-Dispatcher-System*

Das **Calltaker-Dispatcher-System (CDS)**, auch »horizontale Disposition« genannt, ist das dritte System. Überwiegend, aber nicht ausschließlich, wird dieses System von Leitstellen mit einem hohen Einsatzaufkommen genutzt. Bei der horizontalen Disposition wird zwischen einem Calltaker und einem Dispatcher unterschieden. Für den Begriff »Calltaker« wurden inzwischen auch regionale Begriffe wie zum Beispiel »Notruf-Experte« oder »Notruf-Spezialist« eingeführt, um diesen Tätigkeitsbereich – mindestens semantisch – aufzuwerten. In einem Calltaker-Dispatcher-System trägt der Calltaker eine große Verantwortung. Er führt den Notrufdialog, trifft eine Einsatzentscheidung, erteilt Erste-Hilfe-/Sicherheitsanweisungen und begleitet die Notrufenden zum Teil bis zum Eintreffen der Einsatzkräfte am Telefon. Durch die Aufgabentrennung kann er sich vollkommen auf das Notrufgespräch konzentrieren.

3.2 Aufbau- und Ablauforganisation einer Leitstelle

Der Dispatcher bearbeitet den vom Calltaker angelegten Einsatz weiter. Er alarmiert/ koordiniert Einsatzkräfte und übernimmt die komplette Einsatzbearbeitung inklusive interner und externer Kommunikation bis zum Abschluss des Einsatzes. Er kann sich vollkommen auf die Einsatzbearbeitung konzentrieren, sollte seine Einsatzmittel im Blick haben und kann zum Beispiel im Fall von freiwerdenden Einsatzmitteln, welche eine Einsatzstelle schneller erreichen können als die ursprünglich alarmierten, umdisponieren. Im Fall eines Notrufüberlaufs, also eines nicht mehr allein durch die Calltaker zu bearbeitenden Notrufaufkommens, können die Dispatcher in der Notrufbearbeitung unterstützen.

In Leitstellen, welche mit einem Calltaker-Dispatcher-System arbeiten, haben die Calltaker nicht selten den geringeren Ausbildungsstand, da man interne Karrierewege entwickelt hat. So kann der Calltaker zum Dispatcher »aufsteigen«, was mitunter auch an finanzielle Anreize geknüpft ist.

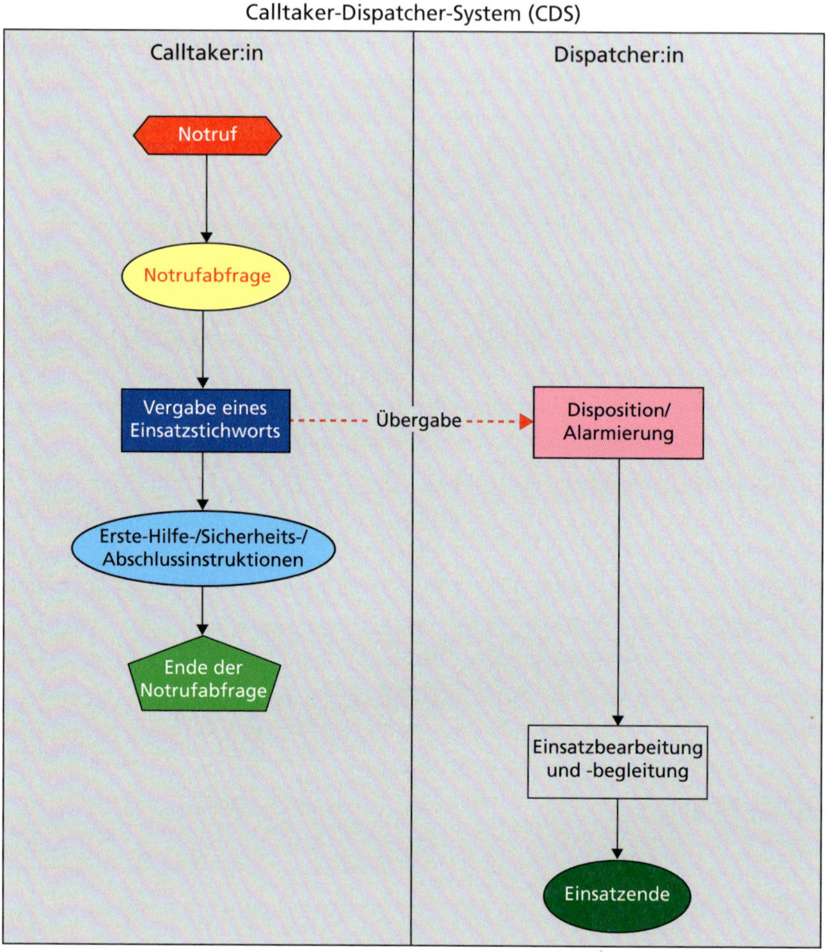

3 Leitstellenarbeit

Bild 18: *Calltaker-Dispatcher-System*

3.2 Aufbau- und Ablauforganisation einer Leitstelle

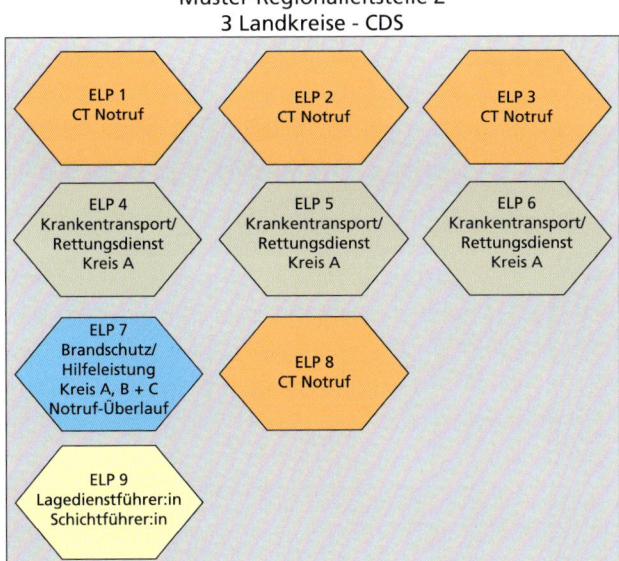

Bild 19:
Beispiel Calltaker-Dispatcher-System

3 Leitstellenarbeit

3.3 Die verschiedenen Problemfelder der Leitstellenarbeit

Es gibt in der Leitstellenarbeit vier verschiedene Problemfelder:

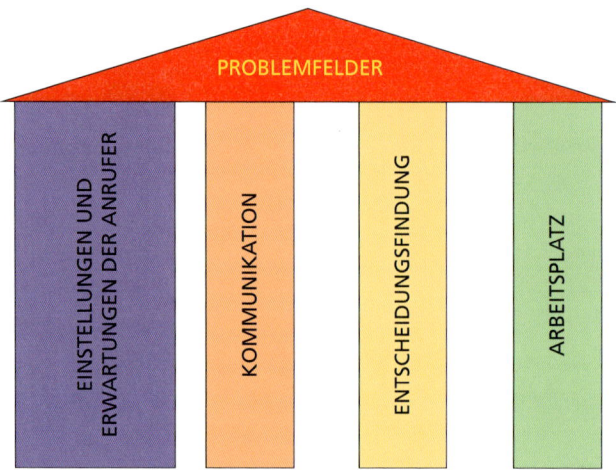

Bild 20: *Problemfelder*

Im folgenden Abschnitt werden die vier Problemfelder einzeln vorgestellt und die damit zusammenhängenden Probleme und Herausforderungen erläutert.

3.3.1 Einstellungen und Erwartungen der Anrufer

- Vielen, die zum ersten Mal den Notruf anrufen, ist nicht bekannt, wie diese Interaktionssituation zu meistern ist.
- Anrufer kennen die technische Ausrüstung einer Leitstelle nicht (PC-basierte Aufgaben).
- Anrufer, die ganz bewusst den Notruf wählen, sind sich häufig sicher, dass ihr Anliegen in einem Notrufkontext legitimiert ist und sind verärgert, wenn sie mangels Zuständigkeit an eine andere Stelle verwiesen werden (Auhtola 2018).
- Anrufer haben (in der Regel) keine andere Handlungsoption, die Selbsthilfefähigkeit der Bevölkerung ist in den letzten Jahren stark gesunken und sie können sich nicht mehr selbst helfen.

3.3 Die verschiedenen Problemfelder der Leitstellenarbeit

- Anrufer haben durch vorherige Erfahrungen mit Anrufen bei anderen institutionellen Praktikern (zum Beispiel Hotlines der Mobilfunkanbieter) eine hohe Erwartungshaltung in Bezug auf den Verlauf des Notrufs.
- Einige Anrufer, die sich mitten in einer Notrufsituation befinden, sind aufgeregt, wütend oder traurig und deshalb unfähig zu erfassen, warum die Hilfeleistung nicht immer sofort und bedingungslos erfolgt.
- Anrufer erwarten Ergänzungsfragen von Disponenten nicht, weil sie darauf eingestellt sind, automatisch Hilfe zu erhalten, ohne dieses Verhalten begründen zu müssen.
- Anrufer erscheinen als gute Bürger, wenn sie einen Notruf zugunsten einer anderen Person absetzen und die Rolle eines »Wohltäters« oder eines »Mitglieds einer Hilfstruppe der Behörde« einnehmen.
- Nicht betroffene Anrufer liefern gewöhnlich die »Geschichte« der Wahrnehmung des Ereignisses mit und setzen dabei von den normalen Alltagsaktivitäten ab, so dass die Wahrnehmung des Anrufers als objektiv und zufällig gilt.
- Anrufer in der »Wohltäter-Position« gehen davon aus, dass ihnen von der Leitstelle für die selbstlose Meldung gedankt werden sollte.

3.3.2 Kommunikation im Notrufkontext

Die Kommunikation im Notruf setzt sich in vielen Merkmalen von der »Alltags-Kommunikation« ab. Leitstellenarbeit ist eine Sonderform von »institutioneller Kommunikation«. In unserem Fall ist dies durch folgende Punkte gekennzeichnet:

- Ein Mitarbeiter spricht für eine ganze Behörde.
- Im Optimalfall hat der Leitstellenmitarbeiter mehr Gesprächsanteile als der Anrufer, es gibt keine Gleichberechtigung der Gesprächsteilnehmer.
- Anrufer müssen zum Teil in ihrem Gesprächsfluss unterbrochen werden, das Rederecht der Anrufer wird reduziert.
- Gesprächsanteile werden gezielt »freigegeben«.

Abgesehen von diesen Punkten gibt es noch mehr Aspekte:

- Der Krisenfall für den Anrufer ist der Normalfall für den Calltaker.
- Aggressive/aufgeregte/emotional hoch belastete Anrufer, die sich nicht dessen bewusst sind, zu welchem Zweck bestimmte Fragen gestellt werden.
- Viele Aussagen der Anrufer sind ungenau und schwammig.

- Die Qualität der Notrufabfrage und die Verantwortung in Bezug auf den positiven Ausgang des Notrufgesprächs liegt ausschließlich bei dem Leitstellenmitarbeiter.
- Passive Gesprächsführung des Calltakers ist ein Risiko.
- Notrufgespräche sind anfällig für Kommunikationsprobleme, wenn Sprache ausbleibt und Pausen nicht mehr durch Aufmerksamkeitssignale (Aha, Ja, …) gefüllt werden.
- Ein einzelner Fehler, ein geringer Versprecher oder mangelnde Konzentration können zu erheblichen Kommunikationsschwierigkeiten führen, da nicht durch den physischen Kontext ausgeglichen werden kann.
- Der Disponent muss den Anrufer anleiten, damit dieser die richtige Art und Anzahl der Informationen liefert.
- Durch die Unerwartetheit einer eigentlich nicht zugelassenen Identität kann das Notrufgespräch zumindest vorübergehend entgleisen (z. B. humoröses Verhalten des Disponenten).
- Hörbar geringe Motivation signalisiert, dass der Mitarbeiter nur bedingt Interesse an Informationen hat.
- Ein Spannungsfeld baut sich dahingehend auf, wie gründlich die Informationen für den Disponenten sein müssen und wie der Anrufer möglichst ohne Verzögerung Hilfe erhält (Faktor Zeit!).
- Leitstellenmitarbeiter sollen eine gewisse Zurückhaltung und neutrale Positionierung bewahren.
- Die Fülle der Daten muss permanent nach relevanten und irrelevanten Informationen sortiert werden.
- Die fehlerhafte Annahme, dass Wichtiges vom Anrufer spontan berichtet wird (z. B. Unterschätzung von Krankheitsbildern).
- Lässt sich der Disponent von der Aufgeregtheit des Anrufers anstecken, wird sich dies negativ auf die Erhebung und Verarbeitung der Daten auswirken.
- Aufbereitung von Informationen (Übersetzung) für die jeweilige Zielgruppe ist sehr wichtig.

3.3.3 Entscheidungsfindung

- Der Disponent ist von der Kooperation des Anrufers abhängig.
- Die Entscheidung des Leitstellenmitarbeiters stützt sich allein auf die Wahrnehmung des Anrufers.

3.3 Die verschiedenen Problemfelder der Leitstellenarbeit

- Die Dringlichkeit muss rein anhand der geschilderten Symptome eingeschätzt werden.
- Doppelte bis dreifache Bewertung einer Situation – kein objektives Meldebild.
- Wer das Unerwartete erwartet, übersieht Wichtiges (ruhiger Anrufer bei dramatischem Notfall).
- Auftretende Komplikationen müssen bei der Erstalarmierung bewusst sein und mögliche Folgen bereits antizipiert sein.
- Entstehung eines Meldebildes ist nur der Versuch einer Rekonstruktion des Gesagten, was wiederum durch situative und subjektive Faktoren beeinflusst wird.
- Jede Entscheidung ist mit Risiken verbunden.
- Abwarten als Handlungsoption ist so gut wie nie möglich, der Leitstellenmitarbeiter ist zum aktiven Handeln gezwungen.
- Der Anspruch des Disponenten an sich selbst, eine konkrete und hundertprozentige Diagnose zu erstellen, kann in den seltensten Fällen erfolgreich sein.
- Informationen werden von Anrufern absichtlich zurückgehalten.

3.3.4 Arbeitsplatz

- Verantwortung für das Leben anderer.
- Arbeiten unter Zeitdruck.
- Arbeitsaufkommen ist nicht statisch (»Hours of boredom, minutes of thrill«).
- Parallel klingelnde Notrufleitungen und andere Parallelaufgaben können zusätzlich für Zeitdruck sorgen (Verlust von Informationen durch teilweise eingeschränkte Wahrnehmung).
- Das Bewusstsein über die Verantwortung und die damit verbundenen Risiken, eine falsche Entscheidung unter Zeitdruck treffen zu können, kann sich zu einem großen Stressfaktor entwickeln und somit das Risiko einer inadäquaten Notrufabfrage erhöhen.
- Entstandene Defizite können meist selbst durch hocheffiziente Arbeit der nachgelagerten Elemente nicht mehr in vollem Umfang kompensiert werden.
- Alle nachgelagerten Elemente sind vom Disponenten und seiner Gesprächsführung abhängig.

3 Leitstellenarbeit

- Auch erfahrene Disponenten müssen sich der unterschiedlichen Rahmenbedingungen jeden Notrufs immer bewusst sein.
- Bestimmte Prozesse müssen parallel abgestimmt und abgearbeitet werden.
- Die Menge der zu verarbeitenden Informationen variiert mit der Auslastung des Personals.

3.4 Die 7-Phasen-Struktur eines Notrufs

Die Struktur eines jeden Notrufs – egal ob medizinischer Notfall oder Flugzeugabsturz ist gleich. Die Phasen vier bis sechs sind nicht zwingend statisch, sondern können auch dynamisch sein. So ist es möglich, bereits während der Abfrage oder des Gesprächsabschlusses ein Einsatzstichwort zu vergeben und zu alarmieren. In Leitstellen, die mit der Calltaker-Dispatcher-Organisation arbeiten, obliegen die Phasen eins bis fünf dem Calltaker, ab Phase sechs übernimmt der Dispatcher.

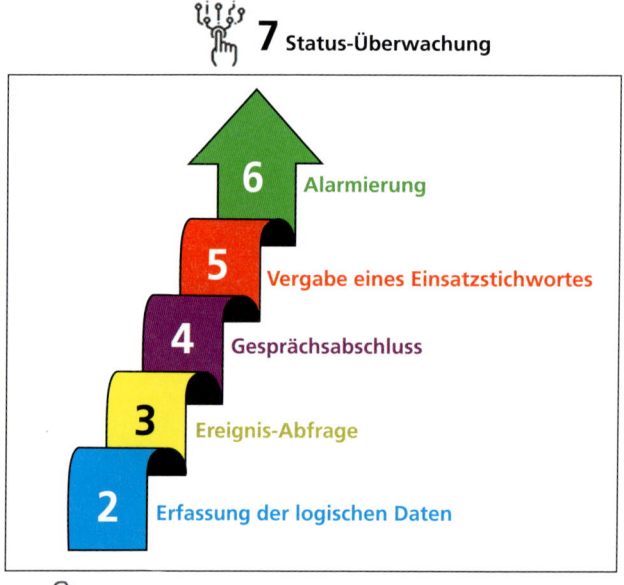

Bild 21: *Struktur Notruf*

3.4 Die 7-Phasen-Struktur eines Notrufs

Egal, ob erfahrener oder unerfahrener Mitarbeiter, es ist sehr sinnvoll, bei der Bearbeitung eines Notrufes in dieser Struktur zu bleiben. Struktur bietet Sicherheit und schafft freie kognitive Ressourcen! Wenn bei dem Gesprächsabschluss noch nach der Ereignis-Lokalisierung oder dem Namen des Anrufers gefragt werden muss, werden für dieses »präsent Halten« kognitive Ressourcen blockiert.

Selbst wenn die Struktur bei medizinischen Notrufen und bei Notrufen aus dem Bereich Brandschutz/technische Hilfe/CBRNe identisch ist, unterscheiden sich die Gespräche jedoch inhaltlich und taktisch sehr. Während das Ergebnis einer medizinischen Abfrage den Zustand des Patienten widerspiegelt und hier entschieden werden muss, welche/s Einsatzmittel und ob mit oder ohne Inanspruchnahme von Sondersignal alarmiert wird bzw. werden, ist die Abfrage im Bereich Feuerwehr »stichwortgesteuert«. Es wird nach Ereignis alarmiert, zum Beispiel Feuer Wohngebäude, Verkehrsunfall mit eingeklemmter Person oder auslaufendes Heizöl aus LKW. Auch unterscheidet sich der Informationsbedarf, um eine Einsatzentscheidung treffen zu können. Bei medizinischen Abfragen werden zur Entscheidungsfindung deutlich mehr Informationen benötigt.

Die sieben Phasen eines Notrufs werden folgend im Einzelnen vorgestellt und erläutert.

Phase 1: Annahme des Notrufs
- Schnellstmögliche Annahme des Notrufs und
- den Notruf mit der vom Betreiber der Leitstelle festgelegten Eröffnungsphrase eröffnen.

Phase 2: Erfassung der logischen Daten
- Sofort die Gesprächsführung übernehmen, wenn nötig den Anrufer in seinem Gesprächsfluss unterbrechen.

Was kann passieren, wenn Du nicht die Gesprächsführung übernimmst und den Anrufer in seinem Redefluss lässt? Problem: Der Notrufende hat seine Information(en) mitgeteilt und geht davon aus, dass Du diese Information(en) aufgenommen und verstanden hast!

Wie kommt es dazu? Dein kognitiver Fokus ist auf die Erfassung der logischen Daten/ Ortsfindung gerichtet, Du kannst diese Informationen nicht mitbekommen!

Folgende logischen Daten sind immer zu erfassen:
- Einsatzort (Stadt/Ort/Gemeinde/Straße/Hausnummer/Objekt)
- Rückrufnummer (In der Regel aus der TK-Anlage übernommen. Achtung! Ein besonderes Augenmerk muss auf Notrufe von Mitarbeitern aus Unternehmen gerichtet werden, welche TK-Anlagen/VoIP nutzen. Diese Telefonanlagen haben teilweise die Eigenschaft, dass nicht die Rufnummer des Teilnehmers angezeigt wird, sondern eine Sammel-Rufnummer. Ruft man diese Telefonnummer zurück, landet man nicht bei dem Notrufenden selbst, sondern zum Beispiel beim Empfang, der Telefonzentrale o. ä. Es ist auch möglich, dass bei solchen Notrufen (wenn zu der angezeigten Rufnummer im Einsatzleitsystem ein Datensatz hinterlegt ist) eine Adresse angezeigt wird, sich der Notrufende aber nicht an seinem Arbeitsplatz, sondern im Homeoffice befindet. In diesen Fällen ist (wenn eruierbar) die Verifizierung der Rückrufnummer zwingend notwendig.)
- Aufenthaltsort des Patienten (Etage, Gebäude, Gebäudeteil, …) bzw. Lokalisierung des Ereignisses
- Name des Anrufers
- (Name des Patienten/Name auf der Klingel); Bei Einsätzen im öffentlichen Raum oder in Firmen ist es nicht zwingend erforderlich, nach dem Namen des Patienten zu fragen.
- Die Dokumentation des Namens des Anrufers bzw. Patienten ist phonetisch ausreichend (also: wie man ihn versteht), bitte nicht buchstabieren lassen!

Sind AML-Daten vorhanden?
- AML-Daten und die Rückrufnummer werden bei Einwahl über ein Mobilfunk-Fremdnetz nicht übertragen! In diesem Fall muss die Telefonnummer aktiv erfragt werden! Zu erkennen sind die Fremdnetz-Notrufe an den sieben Neunern am Ende der Rufnummer, zum Beispiel: 0 177/59 999 999, hier ist besondere Aufmerksamkeit geboten! Die Genauigkeit/Zuverlässigkeit der übermittelten Standortdaten ist – gerade, wenn ein Notrufender selbst nicht mitteilen kann, wo er sich genau befindet – enorm wichtig. Eine Genauigkeit/Zuverlässigkeit von 0,6826 %, mit einer horizontalen Genauigkeit von 9,6 km und einer vertikalen Genauigkeit von 2,5 km kann uns allenfalls einen sehr groben Hinweis auf den Standort liefern.

3.4 Die 7-Phasen-Struktur eines Notrufs

Einsatz auf einer Autobahn:
- Ist das Ereignis auf einem Streckenabschnitt, in/auf einem Objekt innerhalb eines Streckenabschnitts oder im Bereich einer Auffahrt oder Ausfahrt?

Einsatz im Bereich der Bahn:
- Ist das Ereignis im Bahnhof oder auf einem Streckenabschnitt?

Person droht zu springen:
- Bereits gesprungen?
  - Unter dem Objekt liegende Straße o. a. als Einsatzort auswählen!
- Steht noch oben?
  - Objekt als Einsatzort auswählen!

Phase 3: Informationsbeschaffung
- In der Phase der Informationsbeschaffung findet auf der einen Seite die eigentliche Notrufabfrage statt auf der anderen Seite werden an den Notrufenden aber auch aktive Handlungsaufforderungen erteilt, wie zum Beispiel: »Rütteln Sie bitte kräftig an der Schulter des Patienten!« oder »Schauen Sie bitte nach, ob der Briefkasten überquillt!«
- Bei medizinischen Notfällen, wenn möglich und vertretbar immer direkt mit dem Patienten sprechen.
- Die Ansprache des Anrufers mit seinem Familiennamen (siehe Phase 1) und das Ausdrücken von Verständnis für die Situation, fördern ein positives Gesprächsklima und lassen Deine Gesprächsführung professionell wirken.
- Gerade bei Berufsanfängern kommt es durch die noch nicht erworbene Routine immer wieder zu nicht gewollten Gesprächspausen, was dem hohen Komplexitätsgrad der Leitstellenarbeit zuzuschreiben ist. Dies ist zum Beispiel der Fall, wenn in der Notrufabfragesoftware der auf das Ereignis passende Abfragepfad nicht auf Anhieb gefunden wird. Oder es bei der Einsatzeröffnung im Einsatzleitsystem Schwierigkeiten gibt, den Einsatzort zu finden. Diese Pausen sind nicht nur für den Notrufenden in einer emotionalen Ausnahmesituation unerträglich, sondern auch für uns. Jeder wird ein »Hallo, sind Sie noch da?« schon gehört haben. Diese (ungewollten) Gesprächspausen sollen dem Anrufer erklärt werden, paraverbale Äußerungen, die ein aktives Zuhören signalisieren (»ja«,

»okay« oder das »soziale Grunzen«), können effektiv genutzt werden (Aber Vorsicht bei emotional angespannten Situationen, nicht übertreiben!). Aussagen wie: »Eine Sekunde, ich muss gerade noch die Straße suchen, dann geht es sofort weiter…« können Dir helfen diese Pausen zu überbrücken (▶ 3.3.2, das »Phrasenkörbchen«).
- Bei einem frühen Zusichern von Hilfe werden Fragen nicht als Hindernis aufgefasst und fördern ein kooperatives Gespräch. Aber Achtung, das Wording ist entscheidend! Niemals sagen »Hilfe ist bereits unterwegs…«, wenn noch niemand alarmiert worden ist! Eine solche Aussage birgt das Risiko, dass der Anrufer das Gespräch vorzeitig beendet. »Sie müssen mir noch ein paar Fragen beantworten, dann schicken wir Ihnen sofort Hilfe!«
- Geschlossene Fragen oder Alternativfragen stellen (Ausnahme: bei zurückhaltenden Anrufern eher offene Fragen).
- Aktives Zuhören, insbesondere spiegeln und paraphrasieren (sichergehen, dass man die Informationen richtig verstanden hat).
- Nutzerargumentationen einbauen (z. B.: »Sie müssen mir noch einige Fragen beantworten, damit wir ihrem Mann die **richtige** Hilfe schicken können!«).
- In der medizinischen Abfrage eine symptombasierte Abfrage und keine diagnosenbasierte Abfrage durchführen. Beispiel: Hat ein Patient Schmerzen im Brustkorb mit akuter Luftnot, ist es unerheblich, ob er an einem akuten Koronarsyndrom, einer Aortendissektion oder einer Lungenarterienembolie leidet. Entscheidend sind die Symptome.
- Freundlichkeit, Fürsorglichkeit und Verständnis sind hilfreich, die Informationen abzufragen und aufzunehmen.

Merke:
Die Verwendung der Plural-Form vermittelt, dass nicht nur eine Person, sondern eine größere Organisation hinter dem Einsatzversprechen steht (»Wir schicken ihnen sofort Hilfe.« anstatt »Ich schicke ihnen sofort Hilfe.«).

Ich habe zu der Frage, ob es in der Entscheidungsfindung und Entscheidungsqualität in der Leitstelle einen signifikanten Unterschied macht, ob mit einem Patienten selbst oder mit einem Bystander das Notrufgespräch geführt wird, eine interne Studie durchgeführt (»REFIC-I-2020«), und die Ergebnisse in der Zeitschrift »BRANDSchutz« publiziert (Trautmann 2022). Ein Notrufgespräch ist immer subjektiv geprägt, es gibt immer mindestens zwei Bewertungen, nämlich a) die Bewertung des Patienten und

3.4 Die 7-Phasen-Struktur eines Notrufs

b) die Bewertung des Leitstellenmitarbeiters. Wird mit einem Bystander gesprochen, kommt eine dritte Bewertung »ins Spiel«. Der Bystander kann den Sachverhalt entweder unterbewerten oder überbewerten. Eine Überbewertung ist in der Praxis häufiger anzutreffen als eine Unterbewertung. Ferner kommt es häufig zum »Stille-Post-Effekt«, das heißt: Du stellst dem Anrufer eine Frage, die der Anrufer »übersetzen« und dem Patienten selbst stellen muss. Dies kostet nicht nur Zeit, sondern ist nicht zielführend und erschwert die persönliche Bewertung.

Ich habe in der Studie insgesamt 50 120 Datensätze aus dem Jahr 2020 analysiert und konnte folgende Ergebnisse präsentieren. Bei durchgeführten Notrufgesprächen mit den Patienten selbst kam es zu:
- 13,72 % weniger Fehleinsätzen und
- 37,48 % weniger Notarzt-Nachforderungen.

Ergebnis: Es macht hinsichtlich der Prozess- und Ergebnisqualität einen signifikanten Unterschied, ob das Notrufgespräch mit einem Bystander oder dem Patienten selbst geführt wird.

Phase 4: Gesprächsabschluss
Auch der Gesprächsabschluss sollte standardisiert werden. Folgende Inhalte gehören in jeden Gesprächsabschluss:

Einsatzort wiederholen:
- Wie bereits mehrfach erwähnt, befindet sich ein nicht unwesentlicher Teil der Anrufer in einem emotionalen Ausnahmezustand. Die geistige Leistungsfähigkeit ist häufig eingeschränkt (warum dies so ist, wird im ▶ Kapitel 2 »Psychologische Phänomene und bio-psycho-soziale Grundlagen« erläutert). Mit Fortschreiten des Notrufgesprächs fällt meist die Anspannung bei den Anrufern ab, so dass ihnen optimalerweise am Ende des Gesprächs mehr kognitive Ressourcen zur Verfügung stehen als zu Beginn des Gesprächs. Bei der Wiederholung des Einsatzortes zum Gesprächsabschluss hat der Anrufer die letzte Gelegenheit, korrigierend einzugreifen, was auch immer wieder vorkommt.

Anbieten, bei Situations-/Zustandsveränderungen sofort wieder den Notruf zu wählen:
- Vielen Anrufern ist nicht bewusst, dass wir schon am Telefon helfen können. Sie denken: »Ich habe ja jetzt angerufen, die kommen gleich.«

Wird ein Patient bis zum Eintreffen des Rettungsdienstes bewusstlos oder reanimationspflichtig, passiert im Zweifel bis zu deren Eintreffen nichts. Aus diesem Grund ist ein proaktiver Hinweis von uns sehr wichtig.

Erteilung von Erste-Hilfe- und Sicherheitsanweisungen nach Einschätzung und Notwendigkeit (Ausnahme: Reanimation, diese muss immer angeleitet werden, wenn dies möglich ist).

Abschließende Anweisungen erteilen, zum Beispiel:
- »(Haus)Tür öffnen.«
- Wenn man im Hintergrund einen Hund bellen hört: »Das Tier bitte in einen separaten Raum wegsperren, damit die Kollegen in Ruhe arbeiten können.«
- Bei Dunkelheit: »Die Außenbeleuchtung einschalten, damit die Kollegen Ihr Haus schneller finden.«
- Wenn möglich: »Einen Einweiser bereitstellen, der durch Winken auf sich aufmerksam machen soll.«

Phase 5: Vergabe eines Einsatzstichwortes
In der Phase fünf muss man zwischen dem Einsatz einer strukturierten/standardisierten Notrufabfragesoftware (s/sNA) und einer freien Abfrage unterscheiden. Eine s/sNA schlägt anhand der in das System eingegebenen Informationen ein Einsatzstichwort vor, in der freien Abfrage wird das Einsatzstichwort freihändig vergeben.

Grundsätzlich kann folgendes festgehalten werden:
- Stichwortvergabe im Bereich RD anhand der Dringlichkeit, der Notarzt-Indikationskatalog ist zu beachten.
- Stichwortvergabe im Bereich Feuerwehr anhand des gemeldeten Ereignisses – Das Stichwort soll nach Möglichkeit bereits während des Gesprächsabschlusses bzw. nach der Ereignis-Abfrage vergeben werden.

In Leitstellen, welche eine s/sNA nutzen, ist eine Aufwertung und/oder Abwertung des durch die Software vorgeschlagenen Einsatzstichwortes nach Vorgabe des Leitstellenbetreibers möglich. Hier muss kritisch geprüft werden, ob das vorgeschlagene Einsatzstichwort zu der Meldung und den durch das Notrufgespräch gewonnen Informationen passt. Es ist zu bedenken, dass die Software ein Stichwort anhand der eingegebenen Informationen generiert, ob diese mit dem Dialog harmonisieren oder nicht.

Phase 6: Alarmierung
- Ist der Einsatzmittelvorschlag des Einsatzleitsystems schlüssig und passend? Nötigenfalls anpassen!
- Bei mit Sondersignal alarmierten Einsätzen soll der Einsatzmittelvorschlag und die Alarmierung bereits während des Gesprächsabschlusses bzw. nach der Ereignis-Abfrage erfolgen.
- Einsatzmittel im Status 1 (einsatzbereit über Funk) sollen nach der Alarmierung über Funk angesprochen und der Einsatzort/die Einsatzmeldung verifiziert werden.

Bei lebensbedrohlichen Notfällen lohnt es sich, wenn in der Leitstelle die Einsatzmittel getrackt werden, immer einen Blick auf das geografische Informationssystem (GIS, »Karte«) zu haben. Bei einem Einsatzmittelaufgebot werden immer nur die im ELS vorgesehenen Ressourcen vorgeschlagen. Befindet sich zum Beispiel ein KTW oder ein Fahrzeug der Berufsfeuerwehr in der Nähe der Einsatzstelle, können diese zur Überbrückung des freien Intervalls als First-Responder hinzualarmiert werden.

Phase 7: Status-Überwachung
- Mit der reinen Alarmierung der Einsatzkräfte ist die Notrufbearbeitung noch nicht beendet. Die Staus-Überwachung ist die letzte Phase! Rücken alle alarmierten Einsatzmittel aus? Es sind zwingend die Meldungen (Zeitüberschreitung) des Einsatzleitsystems zu beachten!
- Bei manchen Leitstellen werden die Einsatzkräfte, wenn sie nach 90 Sekunden immer noch nicht den Status »Einsatz übernommen« betätigt haben, nochmal automatisiert über ihre digitalen Meldeempfänger alarmiert.
- Im Zweifel muss man bereits bei der Alarmierung alternative Einsatzmittel antizipieren, und diese bei Nicht-Ausrücken der/des ursprünglich vorgesehenen Einsatzmittel/s sofort alarmieren.

3.5 Kommunikative Verhaltensregeln für die Notrufabfrage

Die »Dos« und »Don'ts« dienen als Zusammenfassung und als Ergänzung der bisherigen Kapitel. Unter Umständen wirken die folgenden Punkte spitzfindig oder kleinkariert. In der Notrufkommunikation geht es aber zum Teil um kommunikative

»Kleinigkeiten«, um einzelne Worte, die zum Guten oder Schlechten beitragen können.

Merke:
Der Schlüssel lautet: bewusste Kommunikation!

3.5.1 Die »Don'ts«/Zu vermeiden

- Verzichte auf die Worte »kein« und »nicht« – diese werden unter Umständen nicht gehört! Zum Beispiel: anstatt »… nicht springen …« besser »Bleiben Sie in Ihrer Wohnung!« oder anstatt »… kein Licht im Treppenraum anmachen …« lieber »Lassen Sie das Licht im Treppenhaus aus!« Es gibt eine Vielzahl von Studien und Experimenten, welche empirisch untersucht haben, dass das menschliche Gehirn tendenziell besser auf positive als auf negative Informationen reagiert (z. B. Cacioppo et al. 1998). Diese Tendenz wird auch als »Negativitätsverzerrung« bezeichnet. Hinsichtlich dieser Tendenz ist es so, dass unser Gehirn eher darauf trainiert ist, auf das zu reagieren, was wir tun sollen, anstatt auf das, was wir nicht tun sollen. (Ito et al., 1998)
- Verzichte auf das Fragewort »warum?«. Der Grund hierfür liegt in unserer Kindheit: Dieses Fragewort kann eine »Begründungs- und Rechtfertigungsannahme« auslösen. Die bestmögliche Alternative ist »weshalb?«.
- Führe keine fruchtlosen Rechthaberdiskussionen und unterlasse Machtspiele (Statuswippe).
- Vermeide Worte wie »Angst« oder »Wut«, sie können als Trigger wirken. Die bestmögliche Alternative ist: »aufgebracht«.
- Verzichte auf Bewertungen.
- Verzichte auf Suggestivfragen und rhetorische Fragen.
- Vermeide unbedingt Provokationen und Killerphrasen.
- Nimm Angriffe nicht persönlich (eigenes Ego hintenanstellen, institutionelle Kommunikation).
- Gehe nicht davon aus, dass (für uns) Wichtiges spontan berichtet wird! Zum Teil ist das subjektive Empfinden der Patienten nicht mit dem objektiven (größeren) Problem übereinstimmen.

3.5 Kommunikative Verhaltensregeln für die Notrufabfrage

3.5.2 Die »Dos«/Zu beachten

- Übernimm sofort aktiv die Gesprächsführung.
- Beginne erst mit dem eigentlichen Abfragedialog, wenn die logischen Daten vollständig erfasst sind (Struktur).
- Stelle Detaillierungsfragen und gebe Dich nicht mit Pauschalaussagen zufrieden. (Angespannte Anrufer neigen zu Pauschalisierungen.) Das Ziel ist Entschleunigung; wer das Problem exakt beschreiben soll, muss nachdenken und beruhigt sich dabei, z. B.: »Was genau ist passiert/jetzt neu aufgetreten?«
- Sprich deutlich, nicht zu schnell und in kurzen Sätzen.
- Benutze einfache Sprache ohne Fach-/Fremdworte. (Ausnahme: qualifizierte Anrufer)
- Baue Nutzerargumentationen ein.
- Sprich in der Plural-Form.
- Rechne damit, dass auch ein ruhiger Anrufer einen hochdramatischen Notfall melden kann (Inkongruenz).
- Stelle immer nur eine Frage und lasse sie Dir beantworten, bevor Du die nächste Frage stellst.
- Stelle Fragen so, dass es möglichst wenig Interpretationsspielraum gibt.
- Deine Stimm- und Gesprächsführung entscheidet zwischen Eskalation und Deeskalation!
- Gerade bei emotional belasteten Anrufern: frühzeitige Hilfszusage (Wording!)
- Frage bei einem Kindernotfall (Kind schreit im Hintergrund), ob die Hilfe für das schreiende Kind benötigt wird.
- Sprich den Anrufer mit seinem Familiennamen an.
- Sprich – wenn möglich und vertretbar – direkt mit dem Patienten.
- Benutze Füllwörter, um ungewollte Gesprächspausen zu minimieren und erkläre Sprechpausen! Lege Dir ein »Phrasenkörbchen« an, in welches Du Redewendungen hineinlegst, welche Du immer wieder einsetzen kannst, um Gesprächspausen zu vermeiden (z. B.: »Eine Sekunde bitte, ich muss das noch kurz in das System eingeben…«).
- Formuliere aktiv, verzichte auf den Konjunktiv (unverbindliche Kommunikation) wie z. B. hätte, würde, könnte, müsste, sollte etc.
- Nutze aktiv gesteuerte Sprechpausen gezielt! Insbesondere bei der Gesprächseröffnung.

- Wiederhole den Einsatzort am Ende.
- Erteile immer, wenn erforderlich, abschließende Anweisungen und Erste-Hilfe-Instruktionen.
- Biete bei Gesprächsabschluss an, jederzeit bei Situationsveränderungen wieder die »112« anzurufen.
- Frage bei wiederholten Anrufen immer nach, ob sich an dem Zustand des Patienten etwas verändert hat.
- Führe bei jedem Notruf eine Einsatzort-Verifizierung durch, auch wenn es vermutlich der x-te Notruf zu ein und demselben Ereignis ist.

Achtung:
Ist Dir bewusst, dass Dir ein Anrufer eine spürbar geringe Motivation anhören kann und dies die Erfragung von Informationen erschwert?

3.6 Telemedizinische Sofortmaßnahmen und Telefonreanimation

Erste-Hilfe-Anweisungen nehmen in der Leitstellenarbeit einen immer größeren Stellenwert ein. Einzelne Anweisungen von Leitstellenmitarbeitern können für das Überleben eines Patienten sorgen. Wir sind aus einer passiven Rolle im Laufe der Jahre in eine Rolle als aktive Helfer gerutscht. Schließlich sind wir diejenigen, welche immer als erste am Einsatzort sind – wenngleich auch nicht physisch – aber zum Teil lange vor den ersten Einsatzkräften.

Es gibt einen Spruch, den ich sehr passend finde: »Nur weil ich kein Blut an meinen Stiefeln habe, heißt es nicht, dass ich nicht dabei war.« Mit der aktiven Rolle steigt auch das Risiko für psychische Erkrankungen von Leitstellenmitarbeitern. Es ist zum Teil sogar so, dass Leitstellenmitarbeiter verklagt werden können, wenn keine Erste-Hilfe-Hinweise erteilt werden, sofern der Gutachter feststellt, dass eine schwere Verletzung oder sogar der Tod des Patienten durch eine Anweisung hätte vermieden werden können.

Welche Personengruppen müssen am Telefon begleitet werden, bis Hilfe vor Ort eingetroffen ist?

- Reanimierende Laien
- Kinder als Notrufende

3.6 Telemedizinische Sofortmaßnahmen und Telefonreanimation

- Eingeschlossene/eingeklemmte Personen, zum Beispiel nach Verkehrsunfall oder bei Brandereignis mit akuter Gefährdung
- Suizidenten mit akuter Suizidalität
- Maximal überforderte Personen
- Opfer von Gewaltverbrechen, zum Beispiel nach Vergewaltigung
- Personen, die nicht wissen, wo sie sind, z. B. im Wald Verunfallte
- Dynamische Lagen, zum Beispiel Person in Gewässer oder Person droht zu springen
- Selbstanrufer mit ausgelöstem ICD (wenn allein)
- Selbstanrufer mit bevorstehendem Krampfanfall/Aura (wenn allein)
- Selbstanrufer mit akuter Dyspnoe (wenn allein)
- Bystander bei Geburt (ab Presswehen bzw. wenn das Kind zu sehen ist oder bereits geboren worden ist)
- Bystander bei Nabelschnurvorfall

Bei welchen Notfallbildern müssen zwingend Erste-Hilfe-Anweisungen erteilt werden?
Diese Übersicht ist nicht als abschließend zu betrachten!

- Akute Dyspnoe
- Vitalgefährdende allergische Reaktion
- Atemwegsverlegung
- Bewusstlosigkeit
- Blutung (stark/spritzend)
- Penetrierende Verletzungen
- Nabelschnurvorfall
- Geburt akut bevorstehend
- Krampfanfall
- Reanimation
- Wirbelsäulenverletzungen (Verdacht auf)
- Verbrennung/Verbrühung/Verätzung

Sind Dir zu allen aufgeführten Beispielen die Erste-Hilfe-Anweisungen bekannt? Bei allen Beispielen handelt es sich um lebensbedrohliche Erkrankungen/Verletzungen bzw. solche, die ohne Erstmaßnahmen ernsthafte gesundheitliche Schädigungen nach sich ziehen können.

3.6.1 Telefon-Reanimation (T-CPR)

Bereits 2010 wurde die telefonische Anleitung der Reanimation durch Leitstellenpersonal zum ersten Mal explizit in den ERC-Guidelines erwähnt (Nolan et al. 2010). Die telefonische Anleitung zur Reanimation ist Stand von Wissenschaft und Technik.

Leider wird eine T-CPR noch nicht in allen Leitstellen angeleitet, was in meinen Augen mehr als fahrlässig (wenngleich nicht sogar strafbar) und vollkommen unverständlich ist. Es sind immer wieder die gleichen Gründe, warum nicht angeleitet wird:
- fehlende Akzeptanz,
- Widerstände gegen die Einführung,
- Personalmangel.

Auch wird immer wieder die Frage gestellt: »Dürfen wir das überhaupt?« Die Zulässigkeit ist grundsätzlich gegeben, wenn:
- das Personal geschult ist,
- eine ärztliche Aufsicht besteht,
- die unverzügliche Alarmierung der Rettungsmittel gewährleistet ist.

Die Anleitung zur Reanimation ist also nicht nur »erwünscht« – wir müssen anleiten! (Leitliniengerechtes Handeln!) Abweichungen sind nur im begründeten Einzelfall möglich, zum Beispiel wenn der Anrufer psychisch oder physisch hierzu nicht in der Lage oder gar nicht vor Ort ist.

Die Gründe, warum wir anleiten, sollten jedem klar sein:
- Die Überlebensrate bei suffizienter Laienreanimation ist zwei bis drei Mal höher (ein Überlebender bei 25 Reanimationen).
- Bei Kammerflimmern gibt es sogar einen Überlebenden bei acht durchgeführten Reanimationen.
- Ersthelfer erleben die Unterstützung durch die Leitstelle übrigens als sehr positiv, selbst wenn der Patient nicht überlebt hat!

Hast Du schon von dem Begriff »OHCA« gehört? OHCA ist das Akronym für »Out of Hospital Cardiac Arrest«, also Herzstillstand außerhalb eines Krankenhauses. Wie oft kommt ein OHCA vor? Es sind in Deutschland ca. 75 OHCA pro 100 000 Einwohner pro Jahr. Bei einer Erkennungsrate von 80 % ergeben sich hieraus bei einem Zuständigkeitsbereich von 350 000 Einwohnern ca. 210 Anleitungen pro Jahr.

3.6 Telemedizinische Sofortmaßnahmen und Telefonreanimation

Nutzung eines Algorithmus oder freie Anleitung?
Diese Frage ist auch sehr einfach zu beantworten: Bei einer festen Anleitung kann eine signifikant bessere Qualität der Basismaßnahmen festgestellt werden. Ich habe schon sehr viele durchgeführte T-CPR supervidiert. Es war nicht eine einzige dabei, bei welcher alle Schritte korrekt angeleitet wurden. Entweder fehlte eine Anweisung oder die Anweisung wurde falsch angeleitet (zum Beispiel: »Knien Sie sich seitlich neben den Patienten« anstatt »Knien Sie sich seitlich **neben den Oberkörper** des Patienten«). Die Nutzung eines Algorithmus ist mehr als sinnvoll. Man muss einfach nur den vorgegebenen Text vorlesen und vergisst nichts! Mit Bevormundung oder einem Mindset der Sorte »Du kannst das nicht…« hat das nichts zu tun.

In der Studie »T-CPR-2023« der DGRe (zum Zeitpunkt der Drucklegung noch nicht publiziert) konnten wir empirisch nachweisen, dass eine Anleitung unter Zuhilfenahme eines Algorithmus einen positiven Einfluss auf das Überleben von Patienten hat! Im Vergleich mit der Gruppe, welche frei angeleitet hat, wurden bei Nutzung des Algorithmus 28,6 % mehr Patienten in ein Krankenhaus transportiert.

Fokus Atmung: Bei 40 % der Opfer liegt eine agonale Atmung (»Schnappatmung«) vor; diese wird häufig von Laien als Atmung identifiziert. Diese wird als schwere, anstrengende, geräuschvolle oder schnappende Atmung beschrieben. Die hohe Kunst ist, eine Reanimationspflichtigkeit zu identifizieren, wenn der Patient noch eine Schnappatmung hat.

Genau aus diesem Grund muss die Frage zur Verifizierung der Atemtätigkeit: »Atmet der Patient normal?« lauten. Sehr wohl können Laien eine normale von einer nicht normalen Atmung unterscheiden. Frage ich lediglich: »Atmet der Patient?« werde ich die Reanimation im Zweifel nicht identifizieren.

Praxis-Tipp:
Im geringsten Zweifel an einer normalen Atemtätigkeit muss versucht werden, den Zustand zu verifizieren. Dies geht durch die Ansage an die Anrufer: »Sagen Sie bitte jedes Mal «jetzt», wenn der Patient atmet!« Man kann auch den Telefonhörer in die Nähe des Mundes des Patienten halten lassen. Wenn in 10 Sekunden ≤ 1 Atemzug identifiziert wird, muss eine Reanimation angeleitet werden.

In der oben erwähnten Studie wurden 19,3 % der identifizierbaren außerklinischen Herzstillstände nicht identifiziert, weil die Frage nach der Atmung nicht korrekt gestellt oder die Antworten der Notrufenden nicht korrekt bewertet worden sind, also die Atemtätigkeit nicht sorgfältig genug validiert worden ist. Lieber einmal zu viel reanimiert – ein schlagendes Herz kann man durch eine Thorax-Kompression nicht zum Stillstand bringen. Wenn dem Patienten das Drücken auf den Brustkorb nicht gefällt, wird er sich wehren…

Eine Beatmung wird grundsätzlich im Basic-Life-Support (»Laien-Reanimation«) nicht mehr angeleitet. Die Gründe hierfür sind:
- Zeitbedarf bis zur ersten Thorax-Kompression,
- mögliche abschreckende Wirkung,
- der Outcome ist sogar besser ohne Beatmung.

Es gibt zwei Ausnahmen, bei denen eine Beatmung angeleitet werden soll bzw. muss:
- Primär hypoxische Geschehen als Ursache (z. B. Bolus-Geschehen, Status Asthmaticus oder Ertrinkungsunfall) und
- reanimationspflichtige Kinder.

Wusstest Du, dass es ein »CPR-induziertes Bewusstsein« (CPRIC) gibt? Unter qualitativ hochwertiger Herzdruckmassage erlangen einige Patienten ganz oder teilweise das *Bewusstsein* zurück! 2 % der Überlebenden von Herzstillstand berichteten in der AWARE-Studie, dass sie während des Herzstillstandes visuelle Eindrücke wahrnahmen (Parnia et. al, 2014). Es kann sogar so weit führen, dass sich diese Patienten bewegen. Wie CPRIC aussieht, kannst Du Dir in diesem YouTube-Video anschauen: https://youtu.be/_8tZT2Jx8H0?si=pAy2eQQxdgjnchpD

3.6.2 Das ethische Dilemma

Es gibt im Grundgesetz der Bundesrepublik Deutschland zwei Artikel, die auch wir als Leitstellenmitarbeiter im Notrufdialog und bei einer möglichen Telefonreanimation berücksichtigen müssen: Artikel 1, Absatz 1: »Die Würde des Menschen ist unantastbar« und Artikel 2, Absatz 1, »das Recht auf Selbstbestimmung«. Wir bewegen uns immer in einem Spannungsfeld zwischen Legalität und Legitimität. An dieser Stelle kann ich keine Tipps geben, denn ob eine Reanimation angeleitet wird oder nicht ist immer das Ergebnis des durchgeführten Notrufdialogs, eine Einzelfallprüfung. Für diese Entscheidung kann es keinen Algorithmus geben.

Kommunikation und T-CPR

Das Motto ist: nicht fragen, sondern so schnell wie möglich anleiten, um die »Hands-on-Zeit« so kurz wie möglich zu halten. Fragen wie »Trauen Sie sich zu, Ihren Mann zu reanimieren?« oder »Haben Sie schon mal eine Wiederbelebung durchgeführt?«

3.6 Telemedizinische Sofortmaßnahmen und Telefonreanimation

sind unbedingt zu unterlassen! »Ich sage Ihnen jetzt, was Sie tun müssen!« ist die Ansage der Wahl. Unser Ziel ist es, den Anrufer in Aktion zu bekommen!

Eine Reanimations-Anleitung für einen Erwachsenen könnte folgendermaßen aussehen:

1. »Der Notarzt ist bereits unterwegs zu Ihnen.«
2. »Gehen Sie jetzt mit dem Telefon direkt zu dem Patienten - ich sage Ihnen jetzt, was Sie tun müssen!«
3. »Schalten Sie den Lautsprecher Ihres Telefons ein und legen es beiseite, so dass wir uns hören können. Sie benötigen jetzt beide Hände!«
4. »Legen Sie den Patienten flach auf den Rücken, wenn es geht auf den Boden.«
5. »Knien Sie sich seitlich neben den Oberkörper und machen Sie den Oberkörper frei.«
6. »Legen Sie eine Hand auf die Stirn der Person, die andere Hand unter das Kinn und kippen Sie jetzt den Kopf vorsichtig extrem weit nach hinten!«
7. »Halten Sie Ihr Ohr dicht über Nase und Mund der Person und schauen Sie dabei auf den Brustkorb!«
8. »Atmet der Patient jetzt normal, hustet er oder hat er sich bewegt?« (Nein)
9. »Legen Sie beide Hände übereinander auf die Mitte des Brustkorbs.«
10. »Drücken Sie so kräftig und so schnell Sie können mit gestreckten Armen nach unten und zählen Sie dabei laut mit.«
11. »Drücken Sie ohne Unterbrechung bis der Rettungsdienst bei Ihnen eintrifft!«
12. »Wenn Sie unsicher sind, dann melden Sie sich! Ich bleibe am Telefon, bis meine Kollegen bei Ihnen eingetroffen sind!«
13. »Bei Eintreffen RD: »Öffnen Sie jetzt die Haustür/Wohnungstür und sorgen Sie dafür, dass sie nicht zufällt!« (Anm.: Ist mir im »real life« tatsächlich passiert...)

Zusätzlich gilt es zu beachten:
- Auf dauerhaftes Mitzählen achten (Feedback)!
- Wenn mehrere Personen anwesend: regelmäßig abwechseln!
- Eine »Unterhaltung« des Reanimierenden ist nicht nötig.
- AED vorhanden? Wenn ja: von Dritten holen lassen, anschließen und den Anweisungen des Gerätes folgen!
- Wenn mobile Ersthelfer (z. B. »Mobile Retter«, »Cor-Helper« o. ä.) alarmiert worden sind: darüber informieren!

4 Deeskalation und Intervention in Notrufdialog

In der Leitstellenkommunikation gibt es einen sehr einschränkenden Faktor, wir können nur mittels Sprache kommunizieren, somit sind unsere Möglichkeiten maximal eingeschränkt. Die Art und Weise, wie wir kommunizieren, ist von vier verschiedenen Faktoren abhängig. Diese sind:

- Die jeweilige Situation bzw. der jeweilige Gesprächspartner
  Wie ist die emotionale Verfassung meines Gesprächspartners? Spricht er meine Sprache? Ruft der Anrufer von der Autobahn aus an oder hat er ein schlechtes Netz und ich verstehe kaum ein Wort?
- Die eigene Tagesverfassung
  Wie geht es mir? Habe ich zuhause Stress oder Ärger mit Kollegen? Habe ich mich mit einer leichten Erkältung zur Arbeit geschleppt? Ist das eigene Kind krank zuhause?
- Das Setting
  Ist in der Leitstelle Ruhe oder eine unruhige Besuchergruppe, die laut lacht? Sitze ich zwischen zwei Kollegen, die sich lautstark über meinen Kopf hinweg über den Bau des eigenen Swimmingpools unterhalten? Wird gerade der Ölabscheider auf dem Hof der Wache abgesaugt und es stinkt bestialisch in der Leitstelle?
- Die Rahmenbedingungen
  Haben wir 07:30 Uhr und ich bin noch hochkonzentriert, oder haben wir 02:15 Uhr und ich bin todmüde? Klingeln gefühlt alle Leitungen gleichzeitig oder ist das Einsatzaufkommen ruhig? Kannst Du die Aufzählungen nach den vier Punkten ergänzen? Fallen Dir weitere Punkte ein? Wie Du siehst, gibt es Dinge, auf die wir Einfluss haben und Dinge, auf die wir keinen Einfluss haben. Alle beeinflussen unser Kommunikationsverhalten. Hinzu kommt, dass wir eine Persönlichkeit haben und sich unser Privatleben nicht vollkommen vom Berufsleben abkoppeln lässt.

Kennst Du den Unterschied zwischen Prävention und Intervention?

Prävention betreibe ich, um bei meinem Gegenüber möglichst zu verhindern, dass ein bestimmter Fall eintritt. In unserem Fall den Eintritt in einen nicht führbaren emotionalen und kommunikativen Status. Die Worte »Prävention« und »Deeskalation« verwende ich synonym.

4.1 Emotional Content and Cooperation Score

Intervention betreibe ich, wenn dieser Fall bereits eingetreten ist und ich versuche, meinen Gesprächspartner in eine bestimmte Richtung zu bewegen. In unserem Fall bedeutet es, bei Eskalation eines Gespräches den Versuch, das Gespräch wieder in eine geregelte Bahn zu lenken, um die Gesprächsführung übernehmen zu können.

In der Psychologie wurde eine Bewertungs-Skala entwickelt, welche das Thema »Kooperation und emotionale Verfassung« messbar gemacht hat:

4.1 Emotional Content and Cooperation Score

Der Emotional Content and Cooperation Score (ECCS) geht auf Clawson, J. & Sinclair, R (2001) zurück und ist fünf-stufig skaliert:

1. Normaler Gesprächston
2. Besorgt, aber kooperativ
3. Mäßig aufgeregt, aber kooperativ
4. Unkooperativ, hört nicht zu, schreit
5. Außer Kontrolle, hysterisch

Was glaubst Du, wie oft Du am Notruf mit Anrufern in emotional hochbelasteten Krisen-Situationen zu tun hast? Hiermit sind Anrufer gemeint, die einen ECCS-Score von vier oder fünf haben. Überlege doch mal, wie viele Anrufer es in einem acht, zwölf oder 24-Stunden-Dienst Deiner Meinung nach vermutlich sind.

Um repräsentative Aussagen tätigen zu können, benötigt man bei Studien eine bestimmte Stichprobengröße. Es gab in der Vergangenheit mehrere Studien mit Stichprobengrößen von mehrfach > 1 000 ausgewerteten Notrufgesprächen, die Ergebnisse sind repräsentativ, also übertragbar. Es wurde untersucht, wie die emotionale Verfassung und Kooperationsfähigkeit der Notrufenden war. Was denkst Du, wie der durchschnittliche Wert war?

Der durchschnittliche Wert war 1,1! Hättest Du das gedacht? In den allermeisten Fällen ein ganz normaler Gesprächston mit einer leichten Tendenz zur Besorgtheit. Aber immer noch kooperativ. Das ist erstmal eine gute Nachricht! Aber es gibt – wie immer – eine Kehrseite der Medaille. Dieses Ergebnis bedeutet, dass es ein sehr seltenes Phänomen ist, dass Anrufer nur noch schreien, unkooperativ sind und nicht mehr zuhören. Dadurch, dass es so selten vorkommt, haben wir keine Möglichkeit, eine Routine bei solchen Gesprächen zu entwickeln. Sie sind schwierig und werden auch immer schwierig bleiben. Auch wir Leitstellenmitarbeiter werden bei solchen Gesprächen an unsere kommunikativen und emotionalen Grenzen gebracht. Mir hat 2005, als ich mit der Leitstellenarbeit begonnen habe, niemand beigebracht, was ich bei solchen Gesprächen machen kann. Es wird vermutlich daran liegen, dass meine Ausbilder damals auch nicht wussten, was sie machen können bzw. welche Möglichkeiten sie haben.

Im Laufe Deines Lebens hast Du sicherlich schon Situationen erleben müssen, in welchen ein Mensch außer sich und emotional maximal angespannt war. Unerheblich, ob im privaten oder beruflichen Umfeld. Wie hast Du darauf reagiert? Wenn Du bereits in einer Leitstelle tätig bist: Wie gehst Du mit solchen Anrufen um? Welche Techniken haben sich bei Dir als effizient erwiesen? Hat Dir jemals jemand gesagt, was Du in diesen Fällen machen kannst? Intuitiv machen wir schon sehr viel richtig, aber wir können auch sehr viel falsch machen. Ist eine aktive Beendigung eines Notrufs, also Auflegen, eine Option? Ist »Lautwerden« eine Option? So viel sei an dieser Stelle schonmal gesagt: Auflegen ist keine Option!

Ich habe mich, bevor ich mein Modell entwickelt habe, sehr viel mit dem Thema der Intervention bei Menschen in Krisen-Situationen auseinandergesetzt. Fündig geworden bin ich zum Beispiel bei der Notfall-Psychologie. Es gibt viele interessante Konzepte, aber viele dieser Konzepte spielen mit dem Faktor Zeit! Und Zeit haben wir bekanntermaßen am wenigsten.

Eine Technik, welche ich in mein Modell aufgenommen habe, musste folgende Voraussetzungen erfüllen:
- Schnell zu lernen,
- einfach in der Anwendung und
- sicher in der Wirkung.

4.2 Das »6-Stufen-Modell der deeskalativen und interventionellen Kommunikation im Notrufdialog« nach Trautmann

1. Aktives Zuhören
2. Apologetische Gesprächstechnik
3. »Schallplatten-Technik«
4. »STOPP-Technik«
5. Balanced Downtalking
6. Gesprächspause

4.2 Das »6-Stufen-Modell« nach Trautmann

Wie Dir sicherlich aufgefallen ist, habe ich zwei verschiedene Farben eingesetzt. Der Grund dafür ist, dass ich zwischen deeskalativen Techniken und interventionellen Techniken unterscheide. Bevor ich Dir die einzelnen Techniken erläutere, ist mir wichtig mitzuteilen, dass Du mit Beherrschung der ersten beiden Techniken deutlich mehr als 95 % aller Notrufe souverän und sicher führen kannst!

Nicht jedes eskalierende Notrufgespräch muss alle Stufen durchlaufen. Nicht alle Techniken entfalten bei jedem Anrufer eine Wirkung. Es gibt Gespräche, da musst Du mit Stufe vier anfangen. Man bekommt häufig schon bei den ersten gesprochenen Worten eines Anrufers mit, in welcher (vermuteten) Verfassung er sich befindet.

In einer Leitstelle arbeiten unterschiedliche Charaktere. Es gibt die ruhigen, eher introvertierten Kollegen, und die aufgeregten, lauten und extrovertierten Kollegen. Zu beiden Typen wirst Du ein Bild im Kopf haben! Welchem Typus würdest Du Dich zuordnen? In meinem Modell gibt es »leise Techniken« und »laute Techniken«. Die lauten Kollegen werden potenziell eher bei dem Einsatz der leisen Techniken Schwierigkeiten haben, während die ruhigen Kollegen potenziell eher bei dem Einsatz der lauten Techniken Schwierigkeiten haben. Mir ist im Rahmen der Notruf-Supervision einmal von einem der eher ruhigen Kollegen gesagt worden: »Das kann ich doch nicht machen!« – ich entgegnete: »Doch! Auch wenn Du Dich dabei schlecht fühlst, oder es sich falsch anfühlt, das musst Du sogar machen, es gibt keine Alternative! Mit Respektlosigkeit hat das überhaupt nichts zu tun!«

1. Aktives Zuhören
Das aktive Zuhören bzw. die aktive Gesprächsführung habe ich in ▶ Kapitel 1 sehr ausführlich thematisiert. Zur kurzen Wiederholung möchte ich nochmal die zwei wichtigsten Elemente dieser Technik nennen:
  Paraphrasieren (loopen): Mit eigenen Worten werden verstandene Kernaussagen wiederholt. Der Gesprächspartner fühlt sich erstens verstanden, ernstgenommen und hat zweitens die Möglichkeit, zu korrigieren. Vorsicht vor dem »Papageien-Effekt«!
  Spiegeln: Die vermutete emotionale Verfassung der Anrufer wird vorsichtig mit eigenen Worten interpretiert. »Ich habe den Eindruck, dass Sie sehr aufgebracht sind!« Auch hier gebe ich meinem Gesprächspartner eine Rückmeldung und signalisiere Verständnis.

2. Apologetische Gesprächstechnik

»To apologize« kommt aus dem Englischen und bedeutet auf Deutsch »sich entschuldigen, sich verteidigen«. Vielleicht hört sich diese Technik für Dich kompliziert an, sie ist es aber natürlich nicht! Es geht im Kern um nur zwei Worte! Und zwar um die Worte »wir« und »unser«. Mit dieser Technik versuche ich zu Gemeinsamkeiten zu vermitteln.

- »Wir wollen ihrem Mann helfen, deshalb müssen Sie mir jetzt gut zuhören! Ich bin für Sie da!«
- »Wir machen das jetzt gemeinsam, ich lasse Sie nicht allein!«
- »Unser Ziel ist es, ihrem Mann schnellstmöglich die richtige Hilfe zukommen zu lassen, deshalb müssen Sie mir noch einige Fragen beantworten!«

3. »Schallplatten-Technik«

Im Fokus dieser Technik steht der Nachname des Anrufers. Ein Mensch hört auf seinen Namen, weil er daran gewöhnt ist, dass er damit angesprochen wird und weil er versteht, dass die Ansprache ihm gilt. Der Name eines Menschen ist eine Art persönliches Identifikationsmerkmal, das ihm von anderen gegeben wird und das er nutzt, um sich von anderen zu unterscheiden. Wenn jemand auf seinen Namen hört, zeigt er, dass er bereit ist, auf die Kommunikation anderer einzugehen.

Man kann also sagen: Der Mensch ist von Kindheitsbeinen an darauf »trainiert« worden, auf seinen Namen zu hören! Es handelt sich um eine »frühkindliche Prägung«, der man sich psycholinguistisch kaum widersetzen kann. Der Fachbegriff für die Schallplatten-Technik lautet »repetitive persistance«.

Mitunter aus diesem Grund soll der Nachname des Anrufers bereits bei der Aufnahme der logischen Daten erfasst werden! Ohne die Kenntnis über den Namen des Anrufers kann diese Technik natürlich nicht angewendet werden.

Durchführung:

Mit steigender Lautstärke und Prägnanz musst Du immer wieder den Namen des Anrufers nennen! Wie ein Sprung in einer Schallplatte. Und zwar so lange (aber nicht mehr als fünf Versuche), bis Du einmal kurz die Aufmerksamkeit bekommst und dann sofort wieder die Gesprächsführung übernehmen kannst!

4. »STOPP-Technik«

Diese Technik ist nicht mit einem zu Gesprächsbeginn in normalem Ton geäußerten »Stop, stop, stop« zu verwechseln, um die Anrufer »einzubremsen« und die Gesprächsführung zu übernehmen.

4.2 Das »6-Stufen-Modell« nach Trautmann

Die Stopp-Technik ist in der Durchführung identisch mit der Schallplatten-Technik. Es geht um hohe Lautstärke und Prägnanz. Der Unterschied ist, dass Du hier nicht den Nachnamen, sondern kurze andere Worte nennst: »Stopp!« »Halt!« »Aufhören!« »Schluss jetzt!«

Durchführung:

Mit steigender Lautstärke und Prägnanz musst Du immer wieder eine von Dir gewählte »Stopp-Aussage« tätigen (»Stopp!«, »Halt!«, »Aufhören!«, »Schluss jetzt!«, »Lassen Sie das!«). Und zwar so lange (aber nicht mehr als fünf Versuche), bis Du einmal kurz die Aufmerksamkeit bekommst und dann sofort wieder die Gesprächsführung übernehmen kannst! Während des Einsatzes dieser Technik bei einer »Stopp-Aussage« bleiben und nicht zwischendurch wechseln!

5. Balanced Downtalking

Kannst Du Dich noch daran erinnern, was Spiegelneuronen sind und welche Aufgabe sie haben? Diese Interventionstechnik kann nur funktionieren, weil menschliche Gehirne über Spiegelneuronen verfügen!

Durchführung:

Bei Einstieg in das Gespräch muss Deine Sprachfrequenz ein wenig schneller und Deine Sprachlautstärke ein wenig höher sein als die des Anrufers. Nach den ersten Worten musst Du sofort sowohl Deine Sprechgeschwindigkeit als auch Deine Lautstärke drastisch reduzieren und mit einem normalen Gesprächston weitersprechen. Bei dem Einsatz dieser Technik gibt es eine Chance, den Gesprächspartner »mit nach unten zu nehmen«. Bitte nur ein Versuch!

6. Aktive Gesprächsunterbrechung

Die letzte Technik, sozusagen die »Ultima Ratio«, ist nicht mit einer rhetorischen Pause zu verwechseln. Diese Technik kommt zum Einsatz, wenn alle anderen Techniken ausgeschöpft sind. Es handelt sich tatsächlich um eine durch Dich initiierte aktive Unterbrechung des Notrufgesprächs. Das auszuhalten, ist nicht einfach.

Durchführung:

Headset abnehmen und vor sich auf den Einsatzleitplatz legen. Auf Grund der Lautstärke des Schreiens nimmst Du wahr, wenn der Anrufer aufhört zu schreien. Irgendwann muss er Luft holen. Irgendwann wird er »Hallo? Ist da noch jemand?« fragen. Dieser Moment ist Deine Gelegenheit, wieder in das Gespräch einzusteigen und die Gesprächsführung zu übernehmen.

Du wirst bei dem aufmerksamen Lesen registriert haben, bei welchen Techniken es sich um die »leisen« und »lauten« handelt. Die »lauten« Techniken machen keinen Spaß. Der Versuch des Einsatzes dieser Techniken ist aber zwingend erforderlich. Laut werden ohne selbst »die Fassung zu verlieren« ist nicht einfach. Die Techniken sind eskalierend angeordnet. Die Wahrscheinlichkeit, dass ein Anrufer auf eine der Techniken reagiert, ist groß. Aber ich kann es nicht garantieren. Vielleicht erwartest Du eine Art Flussdiagramm, SOP oder etwas ähnliches, in welcher Dir beantwortet wird, was Du in welchem Fall machen kannst. So eine Art »goldene Regel«. Das kann ich Dir nicht bieten. Das kann Dir niemand bieten. Wie so häufig heißt es auch in einer »kommunikativen Notlage«: Leben in der Lage!

Anmerkung
Auch wenn die Techniken sehr schnell zu lernen und in der Anwendung einfach sind, lohnt es, diese Techniken zu üben. Gerade die Beherrschung der aktiven Gesprächsführung ist essenziell. Wir haben den Menschen auf der einen Seite und die emotionale Situation, in welcher er sich befindet, auf der anderen Seite. Glaubst Du, dass Du den Menschen kontrollieren kannst? Nein, den Menschen kannst Du nicht kontrollieren! Wir wollen ganz kurz die Situation kontrollieren – nicht den Menschen!

Ein Punkt zum Schluss: Die Art und Weise wie Du in Deinem Leitstellenstuhl sitzt, hat einen direkten Einfluss auf Dein Kommunikationsverhalten. Man kann es Dir anhören, ob Du halb liegend mit den Füßen auf dem Einsatzleitplatz oder mit aufrechtem Rücken sitzend und beiden Füßen auf dem Boden stehend kommunizierst.

Merke:
Sei Dir bitte über eins bewusst: auch wenn Du die Gesprächsführung perfekt beherrschst – Du kannst nicht jeden retten! Das gehört leider auch zu unserem Beruf dazu...

5 Gesprächsführung mit Suizidenten

[TRIGGER-WARNUNG]

Dieses Kapitel thematisiert die Themen »Selbstmord« und »Gewalt«. Wenn es Dir aktuell psychisch nicht gut geht, solltest Du Dir überlegen, dieses Kapitel zu überspringen. Du hast jederzeit die Möglichkeit, dies nachzuholen, dieses Kapitel hat keinen »Auto-Lösch-Mechanismus«, wenn es übersprungen wird.

Wir haben festgestellt, dass Notrufgespräche mit Anrufern in einer ECCS-Klassifizierung 4 oder 5 sehr selten vorkommen. Noch seltener kommt es vor, dass man einen Menschen am Telefon hat, der sich akut selbst umbringen möchte – also ganz kurz davorsteht. Es gibt Mitarbeiter, die haben in ihrem gesamten Arbeitsleben nicht einen einzigen akut suizidgefährdeten Anrufer. Glück gehabt! Aber es gibt keine Garantie dafür, dass es Dich nicht eines Tages ereilt. Ich wünsche mir für Dich, dass es Dir erspart bleibt.

Gespräche mit Menschen, die kurz vor einem Suizid stehen, sind emotional sehr fordernd. Es handelt sich sozusagen um die »Königsklasse« der Gesprächsführung. Nicht zuletzt aus dem Grund, dass man die bei »normalen« Notrufgesprächen tausendfach einstudierte Gesprächstaktik nicht einsetzen darf. Bei einem Notrufgespräch mit einem Suizidenten gelten andere, ganz eigene kommunikative Regeln. Auf einmal ist alles anders.

Wir sind weder Psychologen noch Psychiater noch Psychotherapeuten. Das sind Polizisten auch nicht, aber bei der Polizei gibt es sogenannte »Erstsprecher«. Dieser Personenkreis ist speziell für solche Gespräche geschult worden. Was haben wir? Außer unserem gesunden Menschenverstand nichts dergleichen! Das finde ich ziemlich katastrophal. Die meisten von uns haben dementsprechend (leider) keine Handlungskompetenz und können (zum Glück) auch nicht im Ansatz eine gewisse Routine entwickeln. Aber was uns am meisten im »Nacken sitzt«, ist der Faktor Zeit.

5 Gesprächsführung mit Suizidenten

5.1 Mythen, Zahlen und Risikofaktoren

Bevor Du weiterliest, gehe einmal tief in Dich hinein und denke darüber nach, welche Mythen und Gerüchte bezüglich des Themas »Suizid« über Generationen von Rettern weitergegeben worden sind, und unter Umständen auch Dich begleiten.

Die Top-Sechs der Mythen und Gerüchte sind:
1. Für einen Menschen, der sich suizidieren will, kann man nichts tun.
2. Das Reden über Suizid kann zur Handlung veranlassen.
3. Menschen, die von Suizid reden, wollen nur Aufmerksamkeit.
4. Menschen, die über Suizid reden, schreiten normalerweise nicht zur Tat.
5. Einmal suizidgefährdet – immer suizidgefährdet.
6. Menschen, die sich umbringen, leiden oft an einer psychischen Krankheit.

Wusstest Du, dass

- es in Deutschland pro Jahr etwa 10 000 erfolgreiche Suizide gibt (ca. 25 pro Tag)?
- hiervon etwa 200 Menschen im Alter zwischen 10 und 20 Jahren betroffen sind?
- auf jeden Suizid etwa 10 bis 15 Suizidversuche (= 100 000 bis 150 000 Suizidversuche) kommen?
- 76 % der Suizidenten männlichen Geschlechts und 24 % weiblichen Geschlechts sind?
- mit einer Quote von 49 % (bei Männern) bzw. 33 % (bei Frauen) die häufigsten Methoden Erhängen, Strangulieren oder Ersticken sind?
- 8 % der Deutschen über Suizidgedanken und Suizidpläne berichten?
- 80 % der Suizide vorher angekündigt waren?
- es mehr Suizid-Tote als Verkehrsunfall-Tote gibt?

Das Statistische Bundesamt hat für das Jahr 2021 folgende Zahlen veröffentlicht:

Tabelle 3: *Statistik Suizid*

Altersgruppen	Insgesamt	Männlich	Weiblich
unter 15	27	12	15
15 bis 19	162	118	44
20 bis 24	306	223	83

5.1 Mythen, Zahlen und Risikofaktoren

Tabelle 3: *Statistik Suizid (Fortsetzung)*

Altersgruppen	Insgesamt	Männlich	Weiblich
25 bis 29	326	268	58
30 bis 34	389	308	81
35 bis 39	445	355	90
40 bis 44	457	358	99
45 bis 49	523	390	133
50 bis 54	823	605	218
55 bis 59	1 010	710	300
60 bis 64	830	633	197
65 bis 69	708	516	192
70 bis 74	669	475	194
75 bis 79	673	480	193
80 bis 84	928	679	249
85 bis 89	611	446	165
90 und älter	328	229	99
Insgesamt	**9 215**	**6 805**	**2 410**

Interessant ist auch der Fakt, dass es hinsichtlich der Suizidraten in den Deutschen Ländern Unterschiede gibt. So war 2022 mit 17,2 Suiziden pro 100 000 Einwohner in Sachsen die Suizidrate am höchsten und in Nordrhein-Westfalen mit 8,0 Suiziden pro 100 000 Einwohner am niedrigsten (Statista 2024). In einem Vergleich aus dem Jahr 2019 war die Suizidrate in Südafrika mit 23,5 Suiziden pro 100 000 Einwohnern an der Spitze und Italien mit 4,3 Suiziden pro 100 000 Einwohner am niedrigsten (Destatis 2019). Wusstest Du, dass Selbstmord die zweithäufigste Todesursache bei Menschen im Alter von 15 bis 29 Jahre ist, und die COVID-Pandemie für einen Anstieg der Suizide in allen europäischen Ländern verantwortlich gemacht wird (Taylor 2022)?

Es gibt eine Menge Risikofaktoren, die einen Suizid begünstigen können. Vermutlich mehr, als Du Dir vorstellen kannst. Folgend eine Auswahl von Gründen, die mit einem erhöhten Suizid-Risiko in Verbindung gebracht werden können:

- frühere Suizidversuche,
- das Vorkommen suizidaler Handlungen oder Androhungen solcher im Bereich der Verwandtschaft oder des näheren Umfelds,
- der Beginn oder das Abklingen depressiver Phasen (während der akuten Depression ist der Erkrankte nicht in der Lage sich zu suizidieren),
- biologische Krisenzeiten, wie die Pubertät oder die Wechseljahre,
- die Zugehörigkeit zum männlichen Geschlecht,
- das Leiden an einer unheilbaren Erkrankung (auch die Vorstellung davon!),
- Süchte,
- langandauernde, zermürbende Schlafstörungen,
- familiäre Probleme in der Kindheit,
- das Fehlen oder der Verlust mitmenschlicher Kontakte (vgl. Suizid von Senioren),
- berufliche/finanzielle Schwierigkeiten (vgl. Arbeitslosigkeit/Schulden),
- das Fehlen eines Aufgabenbereichs oder Lebensziels (vgl. Suizid von Senioren/Arbeitslosigkeit/Übertritt in die Rente).

5.2   Einfluss der Medien

Kannst Du Dich noch an folgendes Ereignis erinnern?

Robert Enke war Torwart bei dem Bundesligisten Hannover 96 und auch Nationalspieler in der DFB-Elf. Er nahm sich am 10. November 2009 das Leben, sein Schienensuizid wurde durch die Berichterstattung zum öffentlichen Ereignis. In den Tagen nach der Berichterstattung war folgendes zu beobachten:

Die rote Linie stellt die Anzahl der Bahnsuizide im Jahr 2009 dar. Die schwarze, gestrichelte Linie die Bahnsuizide in den Jahren 2006 bis 2008. Der gelb gefärbte Bereich den Zeitraum nach dem Suizid Robert Enke …

Falls es Dir nicht jetzt schon klar sein sollte: Die Anzahl der Bahnsuizide ist nach der medialen Aufbereitung massiv angestiegen! Diesen Nachahmungs-Effekt nennt man »Werther-Effekt«. Erstmals beobachtet wurde dieses Phänomen im Jahr 1744 nach der Veröffentlichung von Goethes Roman »Die Leiden des jungen Werther«, welcher eine »Suizidwelle« auslöste.

5.2 Einfluss der Medien

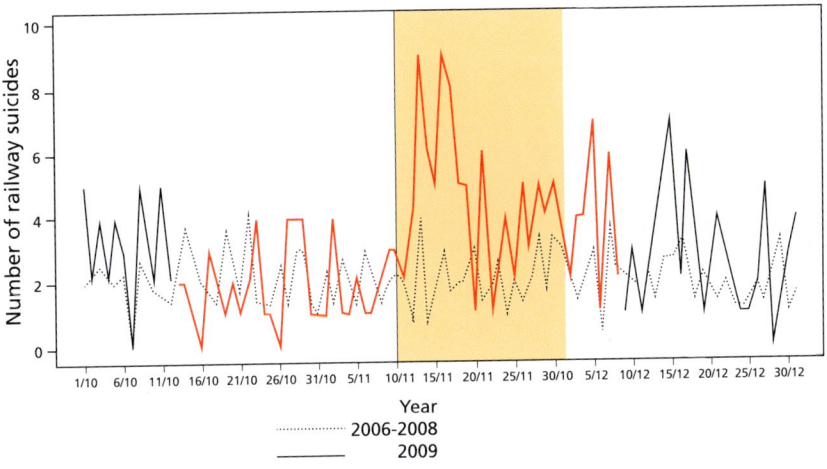

Bild 22: Anzahl Schienensuizide nach dem Tod von Robert Enke (nach Ladwig et al. 2012)

Einschätzung der Ernsthaftigkeit einer Suizidandrohung/Suizidalität

Denken wir daran, dass wir keine Zeit haben. Deshalb ist es im Kontext »Notruf« unvorstellbar, lange Gespräche über die Motivation oder ähnliche Dinge zu führen. Es gibt aber einen zentralen Bewertungs-Aspekt, der auch für Leitstellenmitarbeiter schnell eruiert werden kann. Es geht primär um die Frage: Wie konkret sind die Pläne? Je detaillierter erklärt wird, desto akuter ist die Suizidalität!

Frage ich: »Wie wollen Sie sich umbringen?«, und der Anrufer entgegnet: »Weiß ich auch noch nicht…« ist dies anders zu bewerten als ein Gespräch mit einem Anrufer, der schon auf einer Brücke steht und dort runterspringen möchte. Auch sollten alle Alarmglocken bei uns angehen, wenn ein alkoholisierter Anrufer bereits Tabletten vor sich liegen hat oder sich schon auf einem Bahnhofsgelände befindet, um vor die nächste Lok zu springen!

Als nächstes habe ich ein sehr kurzes Fallbeispiel für Dich:

> **Beispiel:**
> Calltaker: »Feuerwehr und Rettungsdienst Notruf – In welcher Stadt ist der Notfall?«
>   Anrufer (vollkommen nüchtern): »Ich werde mich jetzt vor einen Zug werfen und niemand kann mich davon abhalten!«

> Calltaker: »Wo sind sie?«
> Anrufer: »Das sage ich ihnen nicht, das wird man früh genug herausfinden!«
> [Wenige Sekunden später ertönen die Warnsignale eines Zuges und die Verbindung reißt ab.]

Wie würdest Du Dich nach einem solchen Notruf fühlen? Ich denke, am ehesten dominiert bei Dir Hilflosigkeit und im weiteren Verlauf Wut. Oder? Du denkst, dieses Fallbeispiel ist konstruiert? Nein, ist es nicht. Solche Notrufe kommen vor!

Es ist erforderlich, dieses Gespräch zu analysieren, denn dieser Anruf scheint auf den ersten Blick völlig widersinnig, es ist kein Apell oder Hilferuf.

- Der Anrufer kommuniziert seine inneren Konflikte und Gefühle szenisch.
- Der Anrufer fühlt sich aufgrund seiner Suizid-Motive hilflos und ohnmächtig, dies macht ihn grenzenlos wütend.
- Diese Gefühle induziert er in ein wahlloses Gegenüber und bringt denjenigen in emotionale Bedrängnis (in dem Fall Dich, Emotional Contagion!).
- Mit diesem Akt übt er Rache an seinen Mitmenschen, der Welt, und nimmt dafür seinen Tod in Kauf.

Stellt man sich die Frage nach dem »Wieso?«, gibt es einige Hinweise, die wichtig zur Klärung sind:

- Der Suizident befand sich in einem »Tunnel«, sein Denken und seine Gefühle fokussierten sich ausschließlich auf die suizidale Handlung.
- Der Suizident verfügte nicht mehr über alternative Handlungs- und Kommunikationsfähigkeiten.
- Es war ihm nicht mehr möglich, aggressive Gefühle wie Wut und Ärger auszudrücken.
- Diese richteten sich gegen ihn selbst.

5.3 Kommunikation mit einem akut suizidgefährdeten Menschen

Es gibt einen Hauptunterschied zwischen einem herkömmlichen Notrufgespräch und einem Notrufgespräch mit einem akut suizidgefährdeten Menschen. Dieser lautet: Mit offenen Fragen arbeiten. Das hört sich einfach an, ist es aber wahrlich nicht. Unser

5.3 Kommunikation mit einem akut suizidgefährdeten Menschen

Ziel ist es, den Anrufer in einen Dialog zu verwickeln, bis Hilfe vor Ort eingetroffen ist. Das geht mit geschlossenen Fragen nur zeitlich sehr begrenzt und erfordert eine komplett andere Gesprächstaktik. Ein »kommunikativer Anker« ist hier sehr hilfreich. Dieser »kommunikative Anker« ist ein Thema, auf welches man das Gespräch aufbauen und am Laufen halten kann. Offene Fragen sind hervorragend hierfür geeignet.

Übung:

Setzt euch zu zweit zusammen, und nehmt eine Stoppuhr mit. Stellt den Timer auf fünf Minuten. Das ist ausreichend. Einer ist der Calltaker, der andere der Suizident. Die logischen Daten sind bereits alle erfasst. Nun soll der Calltaker versuchen, einen Gesprächsfluss aufzubauen und das Gespräch am Laufen zu halten. Nur fünf Minuten! Wir wissen, dass es in der Realität deutlich länger dauert, bis die Hilfe vor Ort eingetroffen ist. Ihr habt zwei Versuche. Bei dem ersten Versuch soll der Calltaker ausschließlich mit geschlossenen Fragen arbeiten. Bei dem zweiten Versuch ausschließlich mit offenen Fragen.

5.3.1 Leitpunkte zum Gespräch mit einem Suizidenten

Analog zu den »Dos und Don'ts« in der allgemeinen Gesprächsführung, gibt es speziell für die Gesprächsführung mit Suizidenten auch kommunikative Mittel, welche man gut einsetzen kann und kommunikative Mittel, welche man unbedingt unterlassen sollte.

Ich fange mit den kommunikativen Mitteln an, welche unterlassen werden müssen, da sie zum Teil verstärkend wirken:

- Verharmlosen und Bagatellisieren (z. B. »Ach komm, das ist doch gar nicht so schlimm…«),
- Dramatisieren (z. B. »Das ist ja echt schlimm, was Du mitmachen musstest…«),
- Trösten (z. B »Du Armer… « oder »Das tut mir sehr leid…«),
- Beurteilen, moralisieren, kritisieren (z. B. »Das kannst Du Deiner Familie doch nicht antun…«).

Außerdem solltest Du:

- nicht auf alles eine Antwort haben.
- keine leeren Versprechungen machen.

- Dich nicht von logischen Schlussfolgerungen überzeugen lassen (z. B. »Das kann ich verstehen...«).
- ängstliche, wohl gemeinte Umschreibungen vermeiden (anstatt des Wortes »Suizid« besser Klartext: »Du willst Dich umbringen/vergiften...«).
- auf das Fragewort »Warum« verzichten.

Als nächstes kommen die kommunikativen Mittel, welche bei einem solchen Gespräch wichtig sind:
- Empathie, Wertschätzung und Authentizität sind bei diesen Gesprächen noch wichtiger als ohnehin schon.
- Zustand ansprechen (Situation in deutlichen Worten aussprechen, oftmals fehlender Realitätsbezug des Suizidenten – Spiegeln! ▶ 1.4.1).
- Jeden Selbsttötungshinweis ernst nehmen.
- Den Anrufer nach Möglichkeit mit seinem Vornamen ansprechen (Herstellung einer persönlichen Beziehung).
- Darauf hinweisen, dass das Leben bei erfolgtem Selbstmord unveränderbar vorbei sein wird.
- Erfragen, ob der Suizident in der Vergangenheit bereits eine suizidale Krise überstanden hat.
- Normalisierung herbeiführen (z. B. »Du bist mit dem Problem nicht allein, es beschäftigt auch andere Menschen...«).
- Darum bitten, den Selbstmord nicht heute auszuführen (z. B.: »Du kannst Dich ja immer wieder für einen Selbstmord entscheiden, aber ich bitte Dich darum, es nicht heute zu tun...«).
- Es gibt zwei Spezial-Fragetypen, welche in einem derartigen Kontext sehr gut zur Anwendung gebracht werden können! Es handelt sich um:
  - Ausnahmefragen (z. B.: »Wann gab es Zeiten, als es Dir besser ging?«, »Was war da anders?«)
  - Coping-Fragen (z. B.: »Wie ist es Dir gelungen, es bis heute damit [der Grund für den Suizid] auszuhalten?«)

Ich werde oft gefragt, ob die gesprächsführenden Kollegen ihren echten Namen nennen sollen. Hier entgegne ich: Wenn Dir Deine Eltern einen Zweit- oder Drittnamen gegeben haben, den Du selbst nicht regelmäßig benutzt, identifiziere Dich mit diesem Namen. Wenn Du möchtest, kannst Du Dich natürlich auch mit Deinem Rufnamen vorstellen. Ich persönlich würde mich mit dem Namen »Florian« vorstellen. Wichtig ist allerdings, dass Du bei diesem Namen bleibst und auch auf ihn hörst, wenn Du vom Anrufer damit angesprochen wirst.

5.3 Kommunikation mit einem akut suizidgefährdeten Menschen

Wir haben bei einem Gespräch mit einem Suizidenten nur ein einziges Ziel: Den Anrufer am Telefon halten und in einen Dialog verwickeln, bis Hilfe vor Ort eingetroffen ist! Jedoch: Verhindern können wir den Selbstmord im Zweifel nicht. Das muss Dir bewusst sein!

Wenn Du Hilfe benötigst, kannst Du Dich an folgende Hotlines wenden:
- Deutschland: 0 800/111 0 111 (Telefonseelsorge)
- Österreich: 142 (Telefonseelsorge)
- Schweiz: 143 (Die Dargebotene Hand)

Vielleicht gibt es in Deiner Organisation auch ein PSNV-E (Psychosoziale Notfallversorgung – Einsatzkräfte), Peer, Notfallseelsorge, PSU (Psychosoziale Unterstützung) – oder OPEN-Team, an welches Du Dich wenden kannst.

6 Qualität und Notruf-Supervision

»Woher soll ich wissen, was ich besser machen kann, wenn ich kein Feedback bekomme?«

Wer selbst in einer Leitstelle arbeitet, weiß, dass man so gut wie nie ein Feedback über die eigene Arbeitsleistung bekommt. Es gibt Kollegen, die kein Feedback möchten (weil sie vielleicht auf dem Mount Stupid verharren, an einer overconfidence Bias »leiden« oder ein falsches Selbstbild haben), aber der Löwenanteil (in der Studie »PSAP-G-ONE« 64,35 %) wünscht sich durchaus ein Feedback. Oftmals ist das einzige Feedback, ob der Notarzt den RTW begleitet oder sich an der Einsatzstelle wieder einsatzbereit meldet. Was allerdings keinen direkten Rückschluss darüber zulässt, ob man falsch disponiert hat oder die Notrufabfrage nicht optimal war. Umgekehrt der gleiche Fall, ein Notarzt wird nachalarmiert. Auf Grund einer Transportverweigerung? Oder weil die Besatzung keine Analgesie durchführen möchte oder kann?

6.1 Was kann man messen?

Was genau kann man in der Leitstellenarbeit messen? Schließlich lässt sich nur das (mehr oder weniger objektiv) vergleichen, was man messen kann. Im Qualitätsmanagement (QM) spricht man von sogenannten »Kennzahlen«, diese werden auch »Benchmarks« oder »Key-Performance-Indikatoren« (KPI) genannt. Hiervon gibt es in der Leitstellenarbeit eine ganze Menge, die 2016 von Dax und Fabrizio publiziert worden sind. Einige hiervon möchte ich exemplarisch aufführen und ergänzen:

- Reaktionszeit (das Intervall von der ersten Anrufsignalisierung bis zur Entgegennahme des Gesprächs)
- Gesprächszeit (das Intervall von der Entgegennahme des Gesprächs bis zur Beendigung des Gesprächs)
- Erstbearbeitungszeit (das Intervall von der Entgegennahme des Gesprächs bis zur Alarmierung des ersten Einsatzmittels)
- Quote »verlorene« Notrufe (Notrufe ohne Bearbeitung/Reaktion)
- Quote Erste-Hilfe- und Sicherheitsinstruktionen
- Quote Nutzung s/sNA (wenn vorhanden)
- Quote Stichwortabweichung vom Vorschlag der s/sNA (wenn vorhanden)

- Quote Notarzt-Nachforderungen
- Quote Notarzt-Begleitungen
- Quote Fehleinsätze bzw. Einsätze ohne Transport
- Quote identifizierte/nicht-identifizierte/nicht-identifizierbare Reanimationen

Wichtiger Hinweis: Viele der o. a. KPI lassen keinen Rückschluss auf die Arbeitsgüte zu! Diese können **aus**gewertet aber nicht ohne Weiteres **be**wertet werden.

6.2 Notruf-Supervision

Glaubst Du, dass man ein groß aufgezogenes Qualitätsmanagementsystem in der Leitstelle benötigt, um Notruf-Supervision durchführen zu können? Nein, das benötigt man nicht! Notruf-Supervision kann durchaus auch im Rahmen einer kollegialen Supervision auf Augenhöhe (und ohne die Befürchtung etwaiger Konsequenzen) durchgeführt werden.

Die Notruf-Supervision ist ein sehr gutes Feedback-(und QM)-Instrument, hier bekommt der Mitarbeitende ein direktes Feedback über seine geleistete Arbeit. Bei der Notruf-Supervision wird auf der einen Seite die Bearbeitung des Notrufs und wenn vorhanden, auf der anderen Seite die Benutzung der standardisierten/strukturierten Notrufabfragesoftware, anhand einheitlicher, vorgegebener »harter« und »weicher« Kriterien beurteilt.

Es gibt Hersteller, die fordern, dass im Rahmen eines verpflichtend einzuführenden QM fünf Prozent aller Notrufe begutachtet/bewertet werden müssen. Diese Quote ist meiner Meinung nach vollkommen aus der Luft gegriffen. Meiner langjährigen Erfahrung in der Notruf-Supervision nach, ist es ausreichend, je Mitarbeiter zwei Termine pro Jahr anzusetzen, in welchen jeweils drei Notrufe supervidiert werden. Ich habe festgestellt, dass mehr Termine keinen weiteren Benefit bringen. Die Auswahl der Notrufe ist allerdings entscheidend. Niemand hat etwas davon, wenn ausschließlich »perfekte« Notrufe supervidiert werden. Es geht in der Notruf-Supervision auch darum, »Schwachstellen« zu enttarnen und Verbesserungspotenziale aufzuzeigen. Ich nenne es immer: »Feintuning«, den Versuch, an kleinen Zahnrädern im großen Uhrwerk der Notrufabfrage zu drehen!

6   Qualität und Notruf-Supervision

Der zu supervisierende Kollege sollte sich aus einer vorgegebenen Auswahl von Notrufen einen Notruf aussuchen können. Somit ist sichergestellt, dass für beide an der Supervision beteiligten Kollegen dieses Gespräch »jungfräulich« ist, und sich niemand darauf vorbereiten konnte. Ich persönlich supervidiere pro Termin jeweils einen Notruf, bei dem eine Telefonreanimation angeleitet worden ist (Kategorie 1), einen Notruf, bei welchem in der Folge ein Notarzt nachalarmiert worden ist (Kategorie 2, und zwar nicht auf Grund einer Analgesie oder Transport-Verweigerung) und einen Notruf, bei welchem der Kollege von dem Stichwort-Vorschlag der standardisierten Notrufabfragesoftware abgewichen ist (Kategorie 3).

Nach der Erfassung der objektiven Einsatzdaten, wie zum Beispiel dem Einsatzdatum, der Einsatznummer, der Gesprächsdauer und der Erstbearbeitungszeit, bewerte ich das durchgeführte Notrufgespräch anhand folgender Punkte nach einem »rot-gelb-grün-Schema«:

Logische Daten
- Erfolgte die Gesprächsannahme nach Dienstanweisung?
- Wurde eine frühestmögliche Ortsverifizierung durchgeführt?
- Wurde die Ereignis-Lokalisierung dokumentiert?
- Wurde der Name des Anrufers dokumentiert?
- Wurde der Name des Patienten dokumentiert? (wenn erforderlich)

Nutzung Notrufabfragesoftware
- Wurde die s/sNA genutzt?
- Passte das s/sNA-Schlagwort zum gemeldeten Notfallbild?
- Wurde das von der s/sNA vorgeschlagene Alarmierungsstichwort modifiziert?
- Erfolgte eine Nachalarmierung?

Gesprächsführung
- Wurde mit dem Patienten direkt gesprochen?
- Lag die Gesprächsführung bei dem Mitarbeitenden?
- Erfolgte das Gespräch in angemessener Zugewandtheit/Freundlichkeit?
- Erfolgte das Gespräch in angemessener Sprechgeschwindigkeit?
- Wurden Erste-Hilfe-Anweisungen erteilt?
- Erfolgte das Gespräch klar strukturiert?
- Erfolgte eine konkrete Hilfszusage?

- Wurde angewiesen, bei Zustandsverschlechterungen sofort den Notruf wieder anzurufen?
- Wurde der Einsatzort am Gesprächsende wiederholt?

Unterhalb dieser Bewertungspunkte befindet sich ein Feld für Bemerkungen, in welches man Punkte eintragen kann, die nicht in die Bewertungsmatrix passen. Am Ende wird das Dokument sowohl von dem zu supervidierenden Kollegen als auch vom die Supervision durchführenden Kollegen unterschrieben. Wir haben mittlerweile ein e-Formular, welches ich während des gemeinsamen Hörens des Notrufs ausfüllen kann. Nach jedem supervidierten Notruf erhält der Mitarbeitende direkt ein Feedback. Erstaunlicherweise muss ich in den meisten Fällen nicht viel sagen, denn den Kollegen fällt in der Regel selbst auf, was sie hätten anders (oder besser) machen können. Wenn gewünscht, erhält er/sie eine Kopie des Formulars (entweder als Kopie oder PDF auf seine/ihre dienstliche E-Mail-Adresse). Selbstverständlich ist es bei uns auch möglich, eine Supervision »außer der Reihe« durchzuführen. Unsere Mitarbeitenden dürfen mich jederzeit ansprechen und einen Termin vereinbaren, wenn sie ein Notrufgespräch geführt haben, welches sie gerne supervidiert hätten.

In ▶ Anlage 2 dieses Buches befindet sich ein Muster-Formular, welches als Kopiervorlage benutzt werden darf.

6.3 Was ist Qualität in der Leitstellenarbeit?

Ob man es hören möchte oder nicht, Leitstellenarbeit hat auch etwas mit den Themen »Service« und »Dienstleistung« zu tun. Im Qualitätsmanagement unterscheidet man drei verschiedene »Qualitätsdimensionen«. So unterscheidet Donabedian (1966) in der Medizin zwischen Struktur-/Potenzialqualität, Prozessqualität und Ergebnisqualität.

Strukturqualität beschreibt die Rahmenbedingungen (z. B. technische Ausrüstung/ Arbeitsmittel, bauliche Einrichtungen/Räumlichkeiten und Infrastruktur aber auch Kenntnisse/Kompetenzen, Qualifikationen und Fortbildungsstand des Personals). Die Prozessqualität bezieht sich auf die Art und Weise wie Leistungen erbracht werden, sie beschreibt die Gesamtheit aller Aktivitäten. Durch die Ergebnisqualität, auch Outcome genannt, wird die Veränderung des Gesundheitszustandes des Patienten oder die »problemlösende Wirkung« verstanden. Auch wird zwischen subjektiver Qualität (Ist der Kunde zufrieden?) und objektiver Qualität (Was kann gemessen werden?) unterschieden.

6 Qualität und Notruf-Supervision

Qualität ist mehrdimensional. So kann ein Anrufer die Qualität der Leitstellenarbeit als »schlecht« bewerten, wenn er mit seinem Anliegen nicht bedient worden ist. Objektiv betrachtet, kann der Mitarbeiter aber alles richtig gemacht haben, weil er die Zuständigkeit geklärt hat und festgestellt hat, dass das Anliegen des Anrufers nicht in den eigenen Zuständigkeitsbereich fällt. Ebenso kann der Rettungsdienst die Qualität der Leitstellenarbeit als »schlecht« bewerten, weil sie, wie sie vor Ort feststellen mussten, mal wieder zu »Bauchschmerzen seit drei Tagen« alarmiert worden sind, um am Ende den Patienten an den kassenärztlichen Notdienst zu verweisen. Auch in diesem Fall kann aber die objektive Dispositionsqualität als »gut« beurteilt werden, wenn der Anrufer bei dem Notrufdialog bestimmte Schlüsselaussagen getroffen hat, wie zum Beispiel »Meine Frau kippt hier gleich um!«, was wiederum dem Rettungsdienst nicht bekannt ist. Qualität ist am ehesten ein Konstrukt, dass nicht eindeutig, sondern nur näherungsweise zu bestimmen ist und niemals »absolut« oder »unveränderlich« ist.

Qualitätsmanagement lässt also einen tiefen, analytischen »Blick nach innen« in die Leitstellenarbeit zu. Der »Blick nach außen«, also der Vergleich von Key-Performance-Indikatoren (KPI) unterschiedlicher Leitstellen miteinander, ist aber ebenso wichtig. Wie steht meine Leitstelle im Vergleich da? Zentraler Punkt ist die Herstellung einer qualitativen und quantitativen Vergleichbarkeit.

Problematisch ist an dieser Stelle der deutsche Föderalismus. Beispielsweise werden die KPI zum Teil unterschiedlich definiert. So ist in manchen Ländern der Beginn der Erstbearbeitungszeit mit der ersten Anrufsignalisierung definiert, in anderen mit der Annahme des Notrufs. Nicht alle Leitstellen betreiben ein Qualitätsmanagement oder werten ihre KPI aus. In der Studie PSAP-G-ONE gaben lediglich 51 von 280 Befragten an, dass in deren Leitstelle Qualitätsmanagement betrieben wird. Von den 51 Leitstellen, welche ein QM betreiben, haben lediglich 13 Leitstellen einen oder mehrere Mitarbeiter in Vollzeit mit diesem Aufgabengebiet betraut. 13 von insgesamt 232 Leitstellen in Deutschland.

In Baden-Württemberg wurde 2011 die Einführung eines »zentralen Qualitätsmanagements« im Rettungsdienst beschlossen. Dieses landesweite QM wird durch die SQR-BW (Stelle zur trägerübergreifenden Qualitätssicherung im Rettungsdienst Baden-Württemberg, www.sqrbw.de) durchgeführt. Die Einführung eines zentralen Qualitätsmanagements halte ich für sehr vorbildlich und zukunftsweisend. Alle beteiligten Organisationen sind per Gesetz verpflichtet, ihre Daten an die SQR-BW zu liefern. Jedes Jahr wird durch die SQR-BW ein Qualitätsbericht veröffentlicht,

6.3 Was ist Qualität in der Leitstellenarbeit?

der für jedermann zugänglich ist. Es werden auch einige leitstellenspezifische Benchmarks analysiert und bewertet.

> **Exkurs:**
> »Never Events«
> Dr. Kizer, ehemaliger Leiter der Agentur für Gesundheitsforschung und Qualität im US-Gesundheitsministerium, führte den Begriff »Never Events« in den späten 1990er Jahren ein. Eine Intention von Dr. Kizer war es, besonders schwerwiegende und vermeidbare medizinische Fehler zu kennzeichnen, die keinesfalls auftreten sollten. Der Terminus bezeichnet Ereignisse oder Fehler, die als inakzeptabel gelten, da sie durch adäquate Vorsichtsmaßnahmen und Sicherheitsstandards vermeidbar sind. Diese Ereignisse können erhebliche Konsequenzen für Patienten haben und reichen von falschen Operationen über Medikationsfehler bis hin zu Patientenverwechslungen.
> »Never Events« sind international durch folgende Merkmale definiert:
> 1. Schwerwiegende Ereignisse, die im Zusammenhang mit der klinischen Behandlung (= Notrufabfrage und Einsatzbearbeitung) zu Patientenschädigungen führen,
> 2. in der Regel vollständig vermeidbar sind,
> 3. wenn die entsprechend präventiven Interventionen eingesetzt werden.
>
> Wenngleich der Begriff ursprünglich aus der Medizin kommt, gibt es auch in der Leitstellenarbeit »Never Events«. Das ist uns allen klar. Nur werden sie aktuell noch nicht als solche bezeichnet. Das möchte ich gerne ändern. Leider gibt es hierzu aktuell weder Studien noch Literatur.
> Aus meiner Erfahrung heraus möchte ich einige »Never Events« in der Leitstellenarbeit aufführen:
> - Eine Reanimationspflichtigkeit eines Patienten wird nicht identifiziert und dementsprechend die Reanimation nicht angeleitet, obwohl der Meldende vor Ort ist, emotional nicht »entgleist«, kommunikativ führbar (Sprachbarriere…), kooperativ und körperlich hierzu in der Lage ist.
> - Die Verweigerung von Hilfe bei indizierten Krankheitsbildern/Verletzungsmustern.
> - Ein falsch erfasster Einsatzort bei korrekten Ortsangaben. (»Fehldisposition«)
> - Bei Nutzung einer standardisierten Notrufabfrage: ein manuelles Stichwort-Downgrade von Notarzteinsatz auf RTW-Einsatz, in wessen Folge ein Notarzt nachgefordert wird (der NA wird nicht zur Transportverweigerung, Durchführung einer Zwangseinweisung oder Schmerztherapie nachgefordert) und einen Transport in ein Krankenhaus begleitet.

Meiner Ansicht nach ist Qualitätsmanagement in <u>allen</u> Leitstellen ein MUSS und sollte gesetzlich verpflichtend flächendeckend implementiert werden. Auf der einen Seite ist QM kostenintensiv (weil man Mitarbeitende benötigt, deren Aufgabe das QM ist), auf der anderen Seite liefert es aber einen außerordentlichen Mehrwert zur Verbesserung unserer Arbeitsqualität. Woher soll man wissen, wie man besser werden kann, wenn nichts ausgewertet und bewertet wird? In der Neunten Stellungnahme und Empfehlung der Regierungskommission für eine moderne und bedarfsgerechte Krankenhausversorgung von September 2023 »Reform der Notfall- und Akutversorgung: Rettungsdienst und Finanzierung« spielt der Begriff »Qualität« eine der Hauptrollen. Es bleibt spannend, was von deren Reformvorschlägen am Ende umgesetzt wird.

»Qualität ist kein Zufall, sie ist immer das Ergebnis angestrengten Denkens.«
(J. Ruskin)

Mit diesem Zitat möchte ich den kleinen Ausflug in das Qualitätsmanagement auch schon beenden, und hoffe, zum Nachdenken angeregt zu haben.

Viel lieber möchte ich den Blick nach »innen« wenden und aufzählen, welche Punkte erfüllt sein müssen, um meiner Meinung nach von einer hohen Qualität im Kontext »Notruf« aus der Perspektive einer Leitstelle sprechen zu können.

Von hoher Qualität im Kontext »Notruf« kann man sprechen, wenn:

1. der Notruf in einem angemessenen Zeitrahmen entgegengenommen wird (möglichst kurze Reaktionszeit).
2. die sog. »logischen Daten« – wenn möglich – vollständig erfasst werden.
3. der Notrufdialog in einem dem Notrufenden angepassten, empathischen und zugewandten Kommunikationsstil geführt wird.
4. einsatzrelevante Informationen mittels aktiver Gesprächsführung unter direkter/frühestmöglicher Übernahme der Gesprächsführung proaktiv erfragt werden.
5. die Einsatzentscheidung möglichst faktenbasiert getroffen wird.
6. das Notrufgespräch so kurz wie möglich, aber so lang wie nötig geführt wird (Qualität statt Quantität).
7. sofern vorhanden: Die zur Verfügung gestellte standardisierte/strukturierte Notrufabfragesoftware bestimmungsgemäß genutzt wird und die Antworten der Notrufenden korrekt bewertet werden. Dies beinhaltet, dass bei einer unklaren, nicht auf die abgefragte Differenzialdiagnose passende Antwort, ergänzende Fragen gestellt werden. Dies beinhaltet aber ebenso, dass bei Anrufern, welche keine bzw. nur unzureichende

6.3 Was ist Qualität in der Leitstellenarbeit?

Informationen geben können, die Abfrage frühzeitig beendet wird, um die gewonnenen Informationen in ein passendes Einsatzstichwort umzusetzen.

8. sofern vorhanden: Nicht blind der Stichwort-Vorschlag der standardisierten Notrufabfrage übernommen wird, sondern dieser von mitdenkenden medizinischen/rettungsdienstlichen Profis kritisch überprüft wird.
9. Kommunikationshindernisse dokumentiert werden.
10. nach Erforderlichkeit und Möglichkeit Erste-Hilfe- und Sicherheitsanweisungen erteilt werden.
11. nach Erforderlichkeit und Möglichkeit Notrufende bis zum Eintreffen des ersten Einsatzmittels am Telefon begleitet werden.
12. das/die zum Meldebild passende(n), nächstgelegene(n) und geeignete(n) Einsatzmittel alarmiert werden, was auch eine Umdisponierung im Fall von freiwerdenden Ressourcen bedeutet sowie die Entsendung von geeigneten First-Respondern bei lebensbedrohlichen Meldebildern.
13. alle einsatzrelevanten Informationen an das/die Einsatzmittel weitergegeben werden, nach Möglichkeit in schriftlicher Form, ergänzend mündlich.
14. eine erste Einsatzentscheidung mit der unverzüglichen Alarmierung eines für die jeweilige Einsatzart mindestens erforderlichen Einsatzmittel-Erstaufgebotes möglichst schon während des laufenden Notrufdialogs durchgeführt wird und eine ergänzende Alarmierung auf Basis weiterer Notrufabfrageerkenntnisse erfolgt.
15. auf Lageänderungen adäquat reagiert wird.
16. das von dem Mitarbeiter erfragte Meldebild mit der vor Ort vorgefundenen Situation (mindestens grob) übereinstimmt. Voraussetzung: Anrufer ist vor Ort, kommunikativ führbar und unterschlägt keine Informationen.

Es ist kein Qualitätskriterium, ob ein Patient transportiert wird oder vor Ort verbleibt! Bei den Meldebildern »Hypoglykämie« oder »Krampfanfall« ist beispielsweise nicht in jedem Fall ein Transport in ein Krankenhaus erforderlich. Der Einsatz des Rettungsdienstes indiziert den Transport in ein Krankenhaus nicht zwingend. Denke an Patienten, die einen Transport verweigern. Denke an Notrufe über Dritte, bei denen es eine Inkongruenz zwischen Meldung und tatsächlichem Zustand des/der Verletzten/Erkrankten gibt.

Schlusswort

Achtung:
Hat irgendjemand gesagt, Leitstellenarbeit »kann doch jeder« oder sei »einfach«? Hat hier irgendjemand von »Telefonisten, Funkern und Knöpfchendrückern« gesprochen?

Von Personen, die in der operativen Leitstellenarbeit tätig sind, wird viel abverlangt. Neben einem tiefen Fachwissen aus den Bereichen Notfallmedizin und Feuerwehr benötigen sie ein fundiertes Fachwissen über das Thema »Kommunikation« und ausgeprägte kommunikative Skills. Vielfach wird dies vollkommen unterschätzt. Das Thema »Kommunikation« hat in der Leitstellenausbildung vielfach nicht den Stellenwert, den es meiner Meinung nach bekommen sollte – ist doch die Kommunikation der einzige Schlüssel, unser einziges Werkzeug. Huppert et al. (2023) haben in einer Studie untersucht, ob es einen Zusammenhang zwischen Notrufabfrage und Transportentscheidung gibt. Der Zusammenhang konnte in der Studie nachgewiesen werden. Folgendes Fazit haben die Autoren in Bezug auf die Kommunikation gezogen:

1. Die Optimierung von Kommunikation und Interaktion in kritischen Situationen kann zur Effizienzverbesserung der Notfallversorgung beitragen und damit den Patienten unmittelbar zugutekommen.
2. Es gibt einen Bedarf an Materialien und Strategien, um Anrufer in einer emotional aufgeladenen und stressbehafteten Situation zu unterstützen und eine Eskalation des Gesprächs zu verhindern.

Ich hoffe sehr, mit meinem Buch einen wertvollen Beitrag hierzu zu leisten.

Mein Ziel war, Dich tief in die Welt der Kommunikation eintauchen zu lassen, in die Welt der speziellen Leitstellenkommunikation. Ich hoffe, Du konntest neue Dinge lernen und kannst für Deinen Alltag in der Leitstelle etwas mitnehmen. Wie ich eingangs schon geschrieben habe, gehe ich davon aus, dass Du auch vor dem Lesen dieses Buches intuitiv schon sehr viel richtig gemacht hast. Nun kennst Du die dazugehörigen Grundlagen, Theorien und einiges mehr. Sicher wirst Du in ein paar Tagen wieder vergessen haben, was genau die »Transaktionsanalyse« ist oder aus welchen Bedürfnissen die Bedürfnispyramide nach Maslow besteht. Auch die Geschichte über die Entdeckung der Spiegelneuronen wirst Du vermutlich vergessen.

Schlusswort

Das ist nicht schlimm, denn wenn Du möchtest, kannst Du es nun jederzeit nachlesen. Ich habe Dir nun einige weitere Werkzeuge für Deinen »Kommunikations-Werkzeugkasten« an die Hand gegeben. Aber den Nagel in die Wand schlagen musst Du selbst. Du entscheidest, was Du davon einsetzen möchtest und was nicht. Sei Dir Deiner Verantwortung immer bewusst! Es geht in der Leitstellenarbeit um eine zielgerichtete Kommunikation, um eine genaue Wortwahl, und Achtsamkeit diesbezüglich ist gerade in der Leitstellenarbeit ein wichtiger Punkt!

Ich wünsche Dir, immer die richtigen Worte zu wählen und immer den richtigen Ton zu treffen. Du gehörst zu den ersten Geigen in den Symphonieorchestern der Notrufbearbeitung…

Über Dein Feedback freue ich mich sehr!

trautmann@criticalcommunication.online

Literaturverzeichnis

Auhtola, N.: Abweichungen von der kommunikativen Hauptaufgabe im Polizeinotruf 110: Zu Funktion und Inhalt von Quaestio-Nebenstrukturen, 1. Auflage, Peter Lang GmbH, Internationaler Verlag der Wissenschaften, 2018.

Baumeister, R. F./Tierney, J.:(2020). Die Macht des Schlechten: Nicht mehr schwarzsehen und gut leben, Campus Verlag GmbH, 2020.

Cannon, W. B.: Bodily Changes in Pain, Hunger, Fear and Rage (1920). Literary Licensing, LLC, 2014.

Clawson, J./Sinclair, R. R. (2001): The emotional content and cooperation score in emergency medical dispatching. In: Prehospital Emergency Care, 5(1), 29-35. online abrufbar unter: https://doi.org/10.1080/10903120190940290, letzter Zugriff: 08.10.2023.

Dax, F./Fabrizio, M.: Kennzahlen in Leitstellen: Handreichung zur Einführung und Umsetzung, 1. Auflage, S + K Verlag, 2019.

Statistisches Bundesamt: Todesursachenstatistik für das Jahr 2019: Suizide, online abrufbar unter: https://www.destatis.de/DE/Themen/Laender-Regionen/Internationales/Thema/bevoelkerung-arbeit-soziales/gesundheit/Suizid.html, letzter Zugriff: 27.01.2024.

Mißfeldt, M.: Dinosaurier mit 5 Beinen (optische Illusion, Mai 2018), online abrufbar unter: https://www.martin-missfeldt.de/optische-taeuschungen-sehtests/dinosaurier-mit-5-beinen, letzter Zugriff: 05.01.2023.

Donabedian, A.: Evaluating the quality of medical care, In: Milbank Memorial Fund Quarterly, 44 (2005), 166–206, online abrufbar unter: https://ci.nii.ac.jp/naid/10010343982, letzter Zugriff: 08.10.2023.

Herbig, B./Müller, A.: Hohe Belastungen in einer integrierten Rettungsleitstelle. NeuroTransmitter, 2016, 27(9), 12–18, online abrufbar unter: https://doi.org/10.1007/s15016-016-5636-y, letzter Zugriff: 08.10.2023.

Huppert, K., et al.: Zusammenhang zwischen Notrufabfrage und Transportentscheidung. In: Notfall + Rettungsmedizin, 2023, online abrufbar unter: https://doi.org/10.1007/s10049-023-01226-w, letzter Zugriff: 08.10.2023.

Ito, T. A., et al.: Negative information weighs more heavily on the brain: The negativity bias in evaluative categorizations. In: *Journal of Personality and Social Psychology*, 1998, 75(4), 887–900, online abrufbar unter: https://doi.org/10.1037/0022-3514.75.4.887, letzter Zugriff: 08.10.2023.

Kreuziger, W.: Was die Stimme über uns verrät. In: MEDIZIN populär, 2022, online abrufbar unter: https://www.medizinpopulaer.at/2014/psyche-beziehung/was-die-stimme-ueber-uns-verraet/, letzter Zugriff: 27.01.2024.

Ladwig, K. et al.: The railway suicide death of a famous German football player: Impact on the subsequent frequency of railway suicide acts in Germany, In: Journal of Affective Disorders 2012, 136(1–2), 194–198. Online abrufbar unter: https://doi.org/10.1016/j.jad.2011.09.044, letzter Zugriff: 08.10.2023.

Mai, J.: Selektive Wahrnehmung: Ein Beispiel und Test, karrierebibel.de, 21. November 2021, online abrufbar unter: https://karrierebibel.de/selektive-wahrnehmung-beispiel-test/, letzter Zugriff: 05.01.2024.

o. A.: Bewerbung, Soft Skills, Karriere – Themenglossar. Hesse/Schrader Berufsstrategie (o. D.). online abrufbar unter: https://www.berufsstrategie.de/bewerbung-soft-skills-karriere.php, letzter Zugriff: 05.01.2023.

o. A.: Fakten zur Sprachverständlichkeit. DPA, 22. Februar 2021, online abrufbar unter: https://www.dpamicrophones.de/mikrofon-universitaet/fakten-zur-sprachverstaendlichkeit, letzter Zugriff: 05.01.2023.

o. A.: Wie optische Täuschungen entstehen, Blickcheck, 20. Oktober 2022., online abrufbar unter: https://www.blickcheck.de/auge/funktion/optische-taeuschungen/, letzter Zugriff: 05.01.2023.

Literaturverzeichnis

Parnia, S. et al.: AWARE–AWAreness during REsuscitation–A prospective study. In: Resuscitation, 85 (12), 1799–1805, 2014, online abrufbar unter: https://doi.org/10.1016/j.resuscitation.2014.09.004, letzter Zugriff: 08.10.2023.

Rall, M., et al.: CRM Leitsätze, 2008 online abrufbar unter: https://simimpuls.de/Resources/simimpuls_plakat_2017.pdf, letzter Zugriff: 08.10.2023.

Regierungskommission für eine moderne und bedarfsgerechte Krankenhausversorgung: Neunte Stellungnahme und Empfehlung der Regierungskommission für eine moderne und bedarfsgerechte Krankenhausversorgung: Reform der Notfall- und Akutversorgung: Rettungsdienst und Finanzierung. In *bundesgesundheitsministerium.de*, 2023, online abrufbar unter: https://www.bundesgesundheitsministerium.de/fileadmin/Dateien/3_Downloads/K/Krankenhausreform/BMG_Stellungnahme_9_Rettungsdienst_bf.pdf, letzter Zugriff: 03.10.2023.

Statista: Suizidrate nach Bundesländern und Geschlecht 2022, online abrufbar unter: https://de.statista.com/statistik/daten/studie/318394/umfrage/selbstmordrate-in-deutschland-nach-bundeslaendern-und-geschlecht/, letzter Zugriff: 08.10.2023.

Taylor, A.: COVID-19: EU-Staaten auf steigende Selbstmordrate unvorbereitet, www.euractiv.de, 2022, online abrufbar unter: https://www.euractiv.de/section/coronavirus/news/covid-19-eu-staaten-auf-steigende-selbstmordrate-unvorbereitet/, letzter Zugriff: 27.01.2024.

Trautmann, R.: Kann der Notruf-Dialog durch eine konkretere Ortsabfrage beschleunigt werden?: Interne Studie der Integrierten Regionalleitstelle Solingen-Wuppertal, BRANDSchutz, 75. Jahrgang 2021 (Heft 4), 259–262.

Trautmann, R.: Einfluss des Anrufer-Typs auf die Einsatzentscheidung der Leitstelle: Studie über die Zuverlässigkeit der Informationen von Selbstanrufern. BRANDSchutz, 76. Jahrgang 2022 (Heft 3), 198–201.

Trautmann, R.: Verbesserungswürdige Leitstellen, In: Feuerwehr, 4/2023, 58-61.

Trautmann, R./Ballé, J.: EXPECT: Eine Studie über Erwartungen, Einstellungen und Erfahrungen mit Leitstellen der nichtpolizeilichen Gefahrenabwehr in der Bundesrepublik Deutschland. Deutsche Gesellschaft für Rettungswissenschaften e. V., Aachen, 2022.

Trautmann, R./Ballé, J.: »Die spinnen doch!« – Das Narrativ der »bösen Leitstelle«. In: RETTUNGSDIENST, 22–27 (3/2023).

Trautmann, R./Reuter-Oppermann, M./Christiansen, J.: PSAP-G-ONE: Eine explorativ-deskriptive Studie über Leitstellen der nichtpolizeilichen Gefahrenabwehr in der Bundesrepublik Deutschland, Deutsche Gesellschaft für Rettungswissenschaften e. V., Aachen, 2022.

Trautmann, R. et al.: T-CPR-2023: Fokus Telefonreanimation, Deutsche Gesellschaft für Rettungswissenschaften e. V., Aachen, pre-print 2024.

Trautmann, R./Reuter-Oppermann, M./Möckel, L.: SYNCRISIS: Ein Vergleich unterschiedlicher Abfrageverfahren in den Leitstellen mit dem Fokus auf Erstbearbeitungszeiten, Deutsche Gesellschaft für Rettungswissenschaften e. V., Aachen, pre-print 2024.

Anhang

Anhang 1   Notruf-Analyse

Notruf-Analyse

Datum:	
Bewertende(r):	
Disponent(in):	
Gesprächsdauer:	

Souverän bei jedem Notruf.

Stimme:	Warm	I--I	Kalt
Lautstärke:	Laut	I--I	Leise
Tempo:	Schnell	I--I	Langsam
Sprechpausen:	Viele	I--I	Wenige
Engagement:	Dynamisch	I--I	Zurückhaltend
Kommunikationsebene:	Sachebene	I--I	Beziehungsebene
Aussprache:	Deutlich	I--I	Undeutlich
Verlegenheitslaute:	Viele	I--I	Wenige

Positive Bemerkungen:

Schwierige Bemerkungen:

www.leitstellenfortbildung.de/.ch/.oe

Anhang 2   Formular Notruf Supervision

Anhang 2   Formular Notruf Supervision

Notruf-Supervision

Name: _____

Datum: _____

Einsatzdatum: _____

Einsatznummer: _____

Eröffnungs-/Abschluss-StW: _____ / _____

Gesprächsdauer: _____ : _____

Erstbearbeitungszeit*: _____ : _____

Hands-on-Zeit bei T-CPR _____ : _____

*Zeit zwischen Anruf-Annahme und erster Alarmierung

Notruf-Bewertung

Logische Daten			
Erfolgte die Gesprächsannahme nach Dienstanweisung?			
Wurde eine frühestmögliche Ortsverifizierung durchgeführt?			
Ereignis-Lokalisierung dokumentiert?			
Wurde der Name des Anrufers dokumentiert?			
Wurde der Name des Patienten dokumentiert?			
s/sNA			
Wurde die s/sNA genutzt?			
Passte das s/sNA-Schlagwort zum gemeldeten Notfallbild?			
Wurde das von der s/sNA vorgeschlagene Alarmstichwort modifiziert?			
Erfolgte eine Nachalarmierung?			
Kommunikation			
Wurde mit dem Patienten direkt gesprochen?			
Lag die Gesprächsführung bei dem Calltaker?			
Erfolgte das Gespräch in angemessener Zugewandtheit/Freundlichkeit?			
Erfolgte das Gespräch in angemessener Sprechgeschwindigkeit?			
Wurden Erste-Hilfe-Anweisungen erteilt?			
Erfolgte das Gespräch klar strukturiert?			
Erfolgte eine konkrete Hilfezusage?			
Wurde angewiesen, bei ZV sofort den Notruf wieder anzurufen?			
Wurde der Einsatzort am Gesprächsende wiederholt?			
Bemerkungen:			

_____
_____
_____
_____

Unterschrift Calltaker:in/Disponent:in   Unterschrift Supervisor:in

Michael Lülf/Ramian Fathi (Hrsg.)

Soziale Medien in der Gefahrenabwehr

2023. 316 Seiten mit 36 Abb. Kart.
€ 44,–
ISBN 978-3-17-034913-1

Soziale Medien spielen in der Gefahrenabwehr eine tragende Rolle in Bezug auf die Einsatzabwicklung, der dialog-orientierten Kommunikation mit der Bevölkerung oder die Informationsbeschaffung für das Lagebild. Die AutorInnen vermitteln praxisnah die Bandbreite dieser Themen und die Nutzungsfelder sozialer Medien. Das Buch stellt einleitend Grundlagen und Begriffe vor und berücksichtigt hierbei soziale Medien im Einsatz, für Leitstellen, in der Öffentlichkeitsarbeit sowie rechtliche Grundsätze. Darüber hinaus runden Beiträge und Best-Practice-Berichte zu den Themenkomplexen Methoden und Strategien der Kommunikation, Social Media Analytics im Einsatz und die Psychosoziale Notversorgung in sozialen Medien dieses Fachbuch ab.

Digital-Ausgabe erhältlich in der BRANDSchutz-App und als E-Book.
Leseproben und weitere Informationen:
www.kohlhammer-feuerwehr.de

Kohlhammer